不做總統，就做廣告企劃

實戰廣告策略

許長田 教授 著

弘智文化事業有限公司

作者自序

　　際此知識經濟的新世代，市場行銷商戰必須整合「策略」、「行銷」、「廣告」、「企劃」、「創意」與「定位」等多元化企業戰力。另一方面，企業經營成敗的關鍵因素即以「市場推廣活動」與「企業經營應變力」為最具決勝性的影響因素。

　　正因為這是一個以消費市場為導向的時代，因此，行銷策略大約以百分之七十之比重均用在廣告活動以訴求商品或行業。換句話說，廣告活動與生活已融合在每一個現代人的心中。根據市場情報顯示：顧客受廣告影響而去購買商品的比例竟高達七成以上。

　　進一步而言，廣告策略的擬訂必須著重於行銷研究，廣告創意、廣告企劃、媒體策略、廣告表現策略等多方面的整合，方能有成。廣告企劃源自偉大的創意（Big Idea），當廣告人在創作廣告時，必須先確定產品賣點與產品在顧客生活中的特殊定位（Specific Positioning）。這個「定位」是潛意識的心理訴求，存在於顧客的思想領域之中。

　　因此，廣告企劃如要具有說服力與震撼性，主要在於文案企劃創意必須著重於使用簡單的語言；這些語言能將獨特銷售見解（Unique Selling Point /USP）以簡單而直接的方式表達出來，而非咬文嚼字，拐彎抹角。

　　筆者在大學，企業界，企管顧問公司教授廣告企劃與行銷策略歷時多年，心中總有一心願，欲將廣告策略企劃的實戰經驗付梓出版。因此，本書訂名為《不做總統，就做廣告企劃》源自美國羅斯福總統所說的那一句名言：「不做總統，就做廣告人」。

　　本書能順利付梓出版，承　弘智文化事業有限公司李茂興兄與公司編輯部全體同仁鼎力支持與協助，在此特表謝忱。

　　最後，筆者才疏學淺，書中若有掛漏或遺誤，尚祈方正賢達不吝指教，有以教之。

許長田教授　謹識

於《東方美人》茶藝館

二○○三年十月四日

目　錄

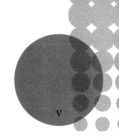

廣告策略
Advertising Planning

前　言

不做總統，就做廣告企劃

廣告創作的實戰企劃

■ 廣告之成功關鍵要素（Key Success Factors）

■ 廣告必須解決的難題

　・問題點（Problem）

　・機會點（Opportunity）

■ 確定廣告目標（Advertising Objective）

■ 創意廣告策略（Creative Advertising Strategy）

　・目標對象（Prospect Definition）

　・主要競爭對手（Principal Competitor）

　・對顧客的承諾（Promise to Customer）

　・廣告提供的理由（Reason Why）

第一部

廣告摘星

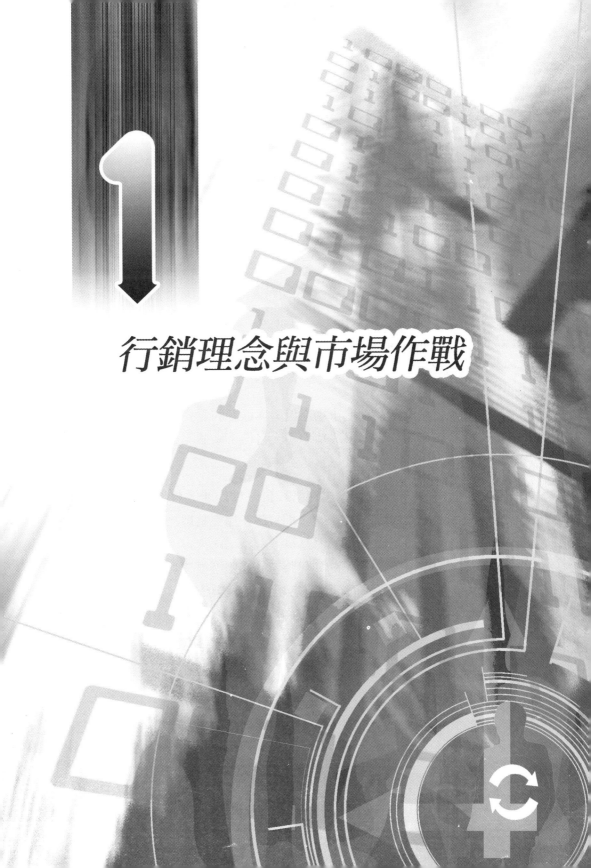

1

行銷理念與市場作戰

一、行銷理念

有關行銷的定義很多，但總無法完整地詮釋真正行銷的涵義。因此，筆者將行銷理念定義如下：

1. 行銷（Marketing）就是如何將產品或服務很成功地切入目標市場。（Marketing is what you plan to do to penetrate the product or service into the target market successfully）.

2. 行銷就是動態的市場活動。（Marketing is the dynamic market activities）

3. 行銷就是在創造市場之優勢與顧客的需要，而作整體企劃將產品或服務很成功地切入目標市場並開發動態的市場推廣活動。

由上述三種行銷定義而言，每一種均能完整地含蓋行銷活動。然而，如果將三者整合，即可真正而完整地詮釋實戰行銷的理念。

例如：定義中所謂的如何將產品或服務很成功地切入動態市場的活動，其中即涉及到如下各項行銷要素：

・行銷企劃

・行銷策略

・市場定位

・目標市場

・市場區隔

・競爭態勢

・市場作戰

‧廣告企劃

‧廣告戰略

‧促銷戰略

‧實戰銷售

‧行銷通路

‧物流管理

‧公關文宣

‧訂價策略

‧商品與市場的生命週期

‧業績突破

‧經銷網之建立與經銷商輔導

‧企業商戰

因此，為了達成企業經營的績效，不斷提升經營的戰力並塑造成「不敗的企業」。企業組織在選擇正確的產品種類、項目及品牌時，必須以能配合市場顧客需求競爭優勢為先決條件，強化行銷戰力、廣告戰力、創意戰力與企劃戰力等。

茲將行銷理念的架構以表列如下：

Money	（資金）
Afford	（購買力）
Key	（關鍵問題的解決方案）
Easy	（簡易、方便）
Modern	（時髦）
Outstanding	（傑出的產品效益）
New	（新穎的創意）
Extra	（額外的獲得）
You	（顧客至上）

行銷技術

所謂行銷技術（Marketing Skills）就是"MAKE MONEY"

行銷絕招

AIDAS 行銷絕招

AIDAS 是行銷賺錢的法寶，可不是什麼病。茲將 IDAS 行銷技術分述如下：

Attention	吸引注意，目的在使顧客注意商品或服務
Interest	喚起興趣，目的在使顧客注意商品或服務有興趣
Desire	激發購買，目的在使顧客購買商品或服務
Action	採取行動，目的在使顧客採取行動購買商品或服務
Satisfaction	感覺滿意，目的在使顧客對商品或服務覺得滿意

二、市場作戰

市場作戰即在尋找市場空隙。現代的市場經營是理念「策略」、「資訊」技術和定位的結合。造市場主流。並進而邁入生活市場的領域。

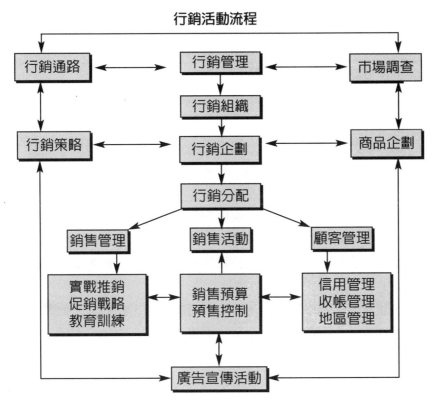

市場空隙（市場空間）

　　所謂「市場空間」（Market Space）意指市場中產品或企業提供的服務尚未達飽和的部分。唯有尋找「市場空隙」，方能在市場上重新定位，並掌握賺取行「銷利潤的有利契機、尋找、市場空隙」必須態度嚴謹，並抓住市場的運作真象與實戰內涵。

　　茲將尋找「市場空隙」的步驟分述如下：

步驟一：列出假設

　　沒有人高興自己最喜愛的企劃案被批評、分拆得一文不值。但列出假設可協助市場企劃人員找出市場的盲點。

　　列出假設應從產品或所提供的服務著手。試想公司產品是否為市場上所殷殷需求的？為什麼該項產品或服務的推出上市將是突破市場的大壯舉？其次，列出產品最主要的訴求目標顧客群，並發掘頭號競爭者是誰，預測如果產品進入市場，競爭對手將採何種因應策略與行動。

　　例如生產小型個人電腦所用的套裝軟體的電腦公司、該公司所擬訂的行銷策略為掌握中小企業界的顧客。以常理判斷，大企業的主管應較可能使用微電腦或較多決策功能、較大電腦等輔助工具。

　　然而，經過市場調查及實地訪問後發現，此種套裝軟體的主要潛在市場在大企業。大企業的主管很喜歡小電腦的方便，而中小企業的辦公室根本尚未達到自動化的程度。因此，提出假設不僅應以基本原則為基礎，且應深入採訪。

步驟二：建立（市場情報資訊系統）檔案資料庫

　　評估假設是否可行的最有效方法就是建立一個多用途的市場情報資訊系統。其意義並不是意謂建立龐大而繁雜的市場資訊系統。

　　市場作戰策略及企業行銷在狹隘的目標市場中遭遇激烈競爭時必須尋找的生存空間，否則將被競爭對手在市場上完全瓦解。

　　茲將市場作戰策略的企劃架構詳述如下：

	市場作戰策略
市場領導者	・拓展整體市場、保護市場佔有率、擴張市場佔有率 ・封殺競爭者的行銷通路 ・降價以控制整個市場
市場挑戰者	・市場正面挑戰攻擊策略 ・側面攻擊、圍擊、迂迴戰、游擊戰策略 ・否定市場領導者的廣告策略與廣告表現
市場追隨者	・強化行銷戰力並積極尋求市場成長 ・尋求市場切入機會點 ・隨時注意市場領導者的市場活動，爭取游離顧客與被動顧客
市場定位者	・強化商品定位 ・否定目標市場上的競爭態勢 ・差異化市場戰略 ・否定競爭者的廣告策略與廣告表現 ・運用再定位策略

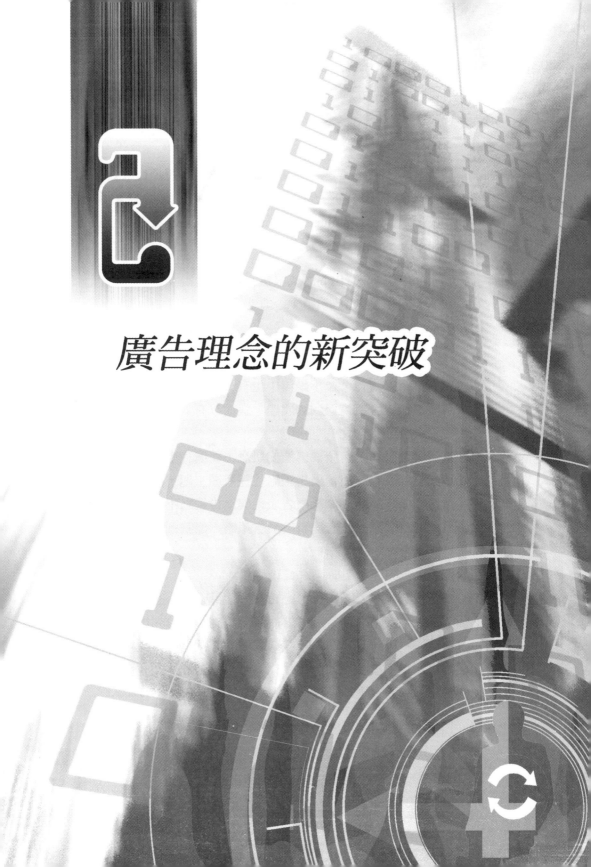

廣告理念的新突破

廣告（Advertising）之定義可說是「透過媒體進行收費的大眾傳播」，亦即廣告是透過媒體來進行訊憩的傳遞與溝通（Advertising is the communication and participation of information through the media）。因此，廣告的突破理念可歸納如下：

1.廣告的目的在賣出商品或服務。

2.除非能夠創造銷售業績，否則就毫無廣告可言。

由以上兩點觀之，廣告成功的決定因素及主要核心即創意與策略。

富有創意的廣告，並不是無中生有，而是利用產品利益的能力，或解決消費者所遭遇到的問題，進而以有效而容易記憶的方法，把它表現出來。

廣告策略是指廣告所要傳達的訊息，而廣告表現則是表示的方法或訊息的表達方式。廣告策略往往不顧主題，所有的廣告表現必須符合廣告策略，如果廣告表現與廣告策略不符合，則將導致不良的廣告效果。沒有完整的廣告策略，無論創意有多新穎，都不可能產生有效的廣告。

茲將廣告的理念架構詳列如下表：

廣告企劃「傳大創意」（Big Idea），當廣告人在創作廣告時，必須先確定產品在顧客生活中的特殊定位（positioning）。這個「定位」是潛意識的心理訴求，存在於顧客的思想領域之中。任何產品都可藉以下三種不同的定位策略，以達到抓住顧客心中的地位與份量。以下三種即爲不同層面的定位：

1.產品對顧客的用途與效益。

2.與其他同類產品比較而有特殊的產品優勢。

廣告目標

· 經過明確的定位，一項廣告訊息或多項訊憩可予測定的最終結果。
· 目標的評估通常是以認知、偏好、說服，或其他傳播結果的改變程度來測定。

⬇

廣告策略（創意策略）

· 將產品或服務的利益或可解決問題的特徵，傳達給目標市場的廣告訊息。
· 擬訂廣告策略後，通常都應用於大眾傳播媒體。

⬇

廣告表現

· 以美工、插圖、文案、音樂等方式，實際進行廣告作業，將廣告策略指向目標市場，以達成廣告目標。
· 成功的廣告與成功的商品行銷，來自成功的廣告表現策略。

3.顧客使用後產生感情上的滿足與困援問題的解決。

　　廣告之所以具有說服力與震撼性，主要在於文案企劃創意著重在使用簡單的語言，這些語言能將獨特銷售見解(Unique Selling Point /USP)以簡單而直接的方式表達出來，而非咬文嚼字、拐彎抹角。因此，廣告文案綱要的第一個部分就是企劃基本的宣傳銷售流行語。例如：

- ·「在人生的舞台上，它抓得住我」，「它抓得住你」
  （Konica照相軟片）
- ·「我幾乎忘了它的存在」（靠得住衛生棉）
- ·「五十元有找」（麥當勞漢堡特餐）
- ·「亙古以來，最渴的人在等待」（水瓶座運動飲料）
- ·「只要青春，不要痘」（蘭麗綿羊霜）
- ·「實實在在的好朋友」（統一寶健運動飲料）
- ·「好東西要和好朋友分享」（麥斯威爾咖啡）
- ·「吃這個也癢，吃那個也癢」（華僑敏肝寧）
- ·「我有話要說」（司迪麥口香糖）
- ·「寶具我的頭髮」（嬌生嬰兒洗髮精）

第二部

廣告風雲錄

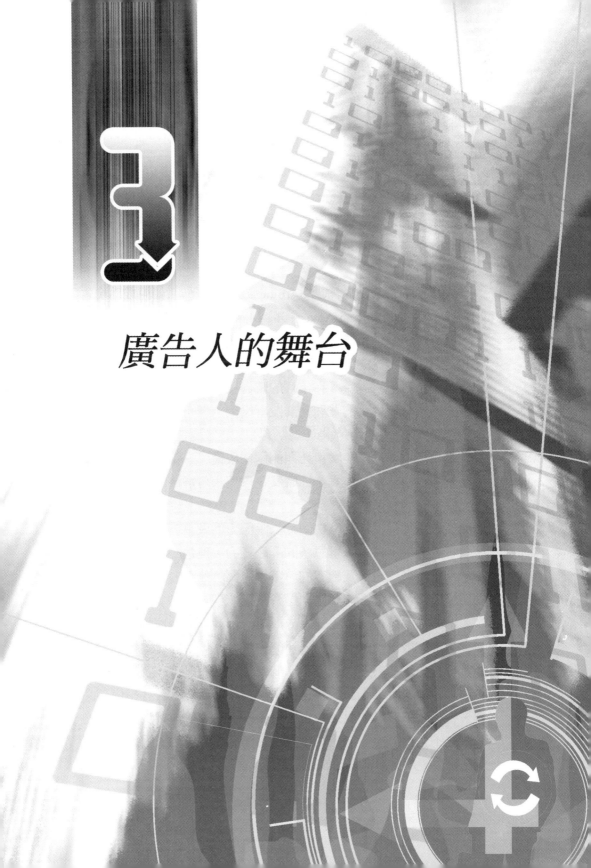

3

廣告人的舞台

「不做總統，便做廣告人」這是源自美國羅斯福總統所說的一句名言，而被廣告大師歐吉沛引述的最著名且發人深省的話。

的確，廣告人是從事替廣告主購買廣告版面與時間者，替媒體所有人銷售廣告者，以及在廣告代理公司做廣告服務的專業人才。

廣告前輩 Mr.James Webb Young 在他的著作《如何成為廣告人》（How to Become an Advertising-Man）的自序中為道：「多年前，有一位著名的英國哲學家拜訪美國，並接受記者訪問。其中一位記者問：『教授，你認為是何種事情而使生活變得興味盎然？』這位哲學家說：『在年輕的時候與一位美麗的女人熱戀；或者去追求一個偉大的難題。』記者又問：『可是，如果你選擇了美麗的女人，還能二者得兼嗎？』」

因為廣告提供了美女與難題的兩個收穫：一位青春永駐：永遠時髦而貪得無厭的美女，同時又是一個永遠解決不了的難題。可見廣告的魅力有多大。

廣告是如何使用文字與圖片去說服人們做事，去感受事物與相信事物。而人又是不可思議的、瘋狂的、理性的與非理性的動物。當然，廣告也涉及顧客的希望與需要，並全力滿足顧客的需要與解決顧客問題並成功地銷售商品或服務。

廣告人必須根據市場資訊先形成一個清楚、合理的策略，以發揮公司的競爭優勢，避免公司的劣勢。這個目標必須再進一步劃分成具體的標的與決策。第一個就是媒體的選擇，因為廣告的訴求點完全決定於媒體所傳達的訊息，除非大眾消費者相信產品與廣告活動所傳遞的訊息，否則廣告一定失敗。消費者對廣告的態度並不重要，重要的是在市場上的商品銷售成功。因此，品牌偏好的改變是個非常重要的衡量因素。

　　廣告大師大衛‧歐吉沛所提創的七大改變消費者偏好的方法，的確是改變品牌偏好的準確法則：

1.解決問題
2.幽默
3.相關的特質（廣告創造的品牌人格）
4.生活化
5.新穎（新產品、新點子、新資訊）
6.仲裁機構的褒揚與見證
7.展示

　　事實上，成功廣告的法則，就像成功企業的其他法則一樣，都相當簡單。如果想要廣告奏效，就應以卡通與動物造型來接觸兒童，千萬不要用成人來廣告。畫面上的字幕只有在強化重點表現時才有效果。這些簡單的法則也同樣用於平面廣告。例如，採用電視廣告、報紙廣告的新穎性也比其他方法有效。這顯示產品使用過程及結果也相當有效。廣告芳沒有商業效果，根本就是浪費錢；而效果的衡量，一定要在眞正的目標市場上，廣告人要使廣告有效果，主要必須瞭解廣告是在傳遞一項承諾，因此廣告人一定要信守承諾。亦即以信實的態度提供可信的承諾，再加上適切的幽默，運用相關的特質，在眞實的生活情境下，強調新穎的產品，並使用具公信力的客觀證言，然後展示產品功能。當每一個競爭者都推出相同產品時，新產品的優勢就消失了，只有靠廣告來塑造產品差異。因此，廣告人必須注意創意的廣告策略才能很成功地佔據消費者的內心世界，也才有效地銷售商品。

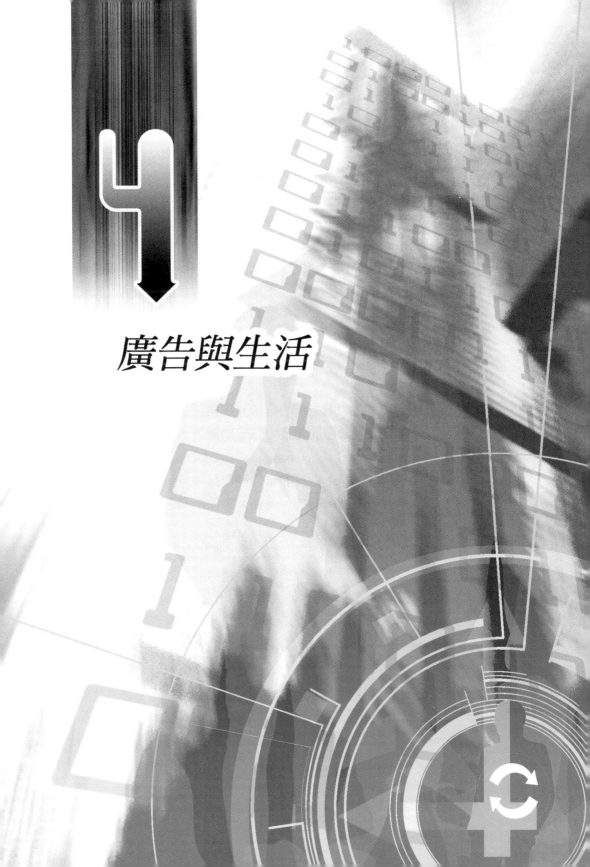

4

廣告與生活

　　打開電視、攤開報紙，每天都接觸到各類五花八門的廣告，這就是廣告的人生。

　　有些廣告以天眞可愛的幼童作奶粉廣告；有的以美女推銷化妝品；有的以俊男一邊顯耀魅力一邊展示藥品；也有標榜全家福的壽險廣告、房屋廣告、家電用品廣告⋯，不一而足。廣告之多，簡直令人目不瑕給。然而，這也是所有廣告活動中的一部份而已，如果再加上車廂內廣告、室外廣告的看板、海報、招牌、POP等，任何人只要一出門走在街上，天空中、高樓頂、街道旁、甚至票亭，觸目所及盡是五彩繽紛的圖案及斗大醒目的廣告標語。

　　千萬別小看這些到處充斥的廣告，它們正是商場上一決勝負的利器，是廠商克敵致勝的絕招。每一則廣告，都是耗資龐大的智慧結晶。

　　根據市場情報顯示，台灣的廣告投資每年皆呈巨幅成長「尤其是報紙」電視、雜誌、廣播，這四大媒體的廣告量平均每年成長百分之四十三以上。

　　廣告事業的蓬勃發展，顯示我們整個社會與經濟的急遽蛻變，其中最明顯的就是市場行銷與消費趨勢的改變，亦即從以往的生產導向到行銷導向，再演進到現在的消費者導向時代。

　　正因爲這是一個以消費者爲導向的時代，消費者的喜好與需要，是供應商行銷與製造產品的依據。消費者的選擇，更是廠商存亡的關鍵。廠商的一切行銷活動皆以消費者爲依歸，其中包括產品包裝、訂價、產品企劃、行銷通路、售後服務、促銷、廣告、人員實戰銷售、公關、物流、行銷定位、目標市場區隔等都以迎合顧客心理爲最大前提。既然如此，則扮演促銷一大要角的廣告，當然也以消費者的意向爲藍圖，強調商品的特性、功能，

以期一舉擄獲大眾歡心,締造可觀的銷售業績。

　　廣告追求的目標是「一分投資,一分收穫」。投資多少廣告經費,廣告主就希望收到同等的回饋(包括有形、無形)。然而,消費者的心理是很難捉摸的。消費者的喜惡變化無常,商品廣告非要有新穎的創意與獨到的表現,才能引起顧客的注意、發揮一鳴驚人的廣告效果。。

　　有些產品廣告,在媒體出現的頻率並不高,廣告畫面更是簡單,但因策略運用成功,廣告效果非常好,以下就是廣告成功的實例:

　　一家行銷洗髮精的廠商在廣告中運用創意的廣告表現策略與市場區隔定位策略,很成功地將商品廣告運用成消費者心中困擾的解決方案,其中的廣告文案如下:

　　‧您有頭皮屑的煩惱嗎?
　　‧您的頭髮有分叉嗎?

　　此種廣告文案一針見血地打入消費者的心理,猛然反覆思索切身的困擾與問題,當消費者思考後,心想的確是正如廣告中所說的那樣,則任何需要解決如此困擾的潛在顧客都會去購買廣告中的商品,而廣告主的廣告商品一定是一舉成功的。

　　影響廣告效果的因素甚多,大至整個經濟景氣的好壞;小至廣告媒體的選擇廣告表現策略、商品定位、媒體播出或刊出的時間、地點……,在在都足以左右廣告的效果。

　　因此,從廣告主提撥廣告預算做廣告開始,市場調查、擬訂廣告目標、廣告策略、將商品定位、市場區隔、注意市場競爭態勢、製作廣告、選擇媒體、文案企劃、美工完稿、 ＣＦ(Commercial Film)腳本企劃、創意等,其間的每一過程都攸關廣

告的成敗。

茲將成功的廣告所應具備的條件詳述如下：

一、廣告企劃

企業主做廣告，首先面臨的問題是該由那個單位來負責廣告的籌劃與製作？除了自營式廣告公司以外，有些企業的廣告是由公司內一個獨立的廣告部門負責處理，此廣告部門直接向總經理負責。也有一些公司將廣告部門納入行銷部門或企劃部門內，由行銷部經理或企劃部經理統轄，此種不必透過廣告代理商或專業廣告公司的廣告作業可稱為「自己做廣告」。

廣告由自己公司獨立製作，當然有許多優點。例如：節省經費、便利廣告作業、商品與市場情報可充分保密、廣告負責人較瞭解企業文化、商品特性等，而且因為與公司各部門主管長期接觸，彼此也較容易取得協調與共識。

然而，廣告製作若與企業同屬「自己人」，有時難免會落入「自我意識」的陷阱。在擬訂廣告策略時，忽視外界的潮流與市場的反應，一味迎合公司高級主管的意思。更河況，公司自設廣告部門，常會因專業人才不夠充足、經費有限，影響廣告品質甚大。尤其在市場行銷愈來愈複雜的環境下，自設的廣告部門對市場變化的敏銳度與商品情報的蒐集，都很難與專業廣告公司媲美。正因為如此，現今大多數的企業廣告都委託綜合性廣告代理商或專業廣告傳播公司代理製作。

二、慎選廣告代理商

　　國內的廣告代理商，專業素養與企劃能力，各有不同的水準。因此，在選擇廣告代理商時，廣告主必須先瞭解廣告公司的服務與專業能力。

　　其中規模大的廣告公司，能提供一貫作業服務項目，若其組織健全、管理有制度、經營上軌道，並擁有一批專業市場調查、企劃、創意、設計、文案、美工、媒體創作、公關等專業人才者，方可列入考慮的對象。

　　然而，這樣的選擇標準並非放諸四海而皆準。如果廣告主對廣告公司有特別的要求，就要視對方在該方面的能力如何而定。

　　廣告主要求廣告代理商的一般能力包括：市場調查能力、企劃能力、廣告製作能力、媒體掌握能力、行銷能力、商品定位能力等。

　　廣告主若是一家民生必需品的製造商，其產品的功能、特性、價格與行銷通路皆與其他品牌差異不大，廣告主對廣告公司的要求可能是廣告創意、商品定位與廣告企劃的高超能力。如何以突出引人入勝的畫面讓觀眾留下深刻、美好的印象，才是他們注重的焦點。在此種情形下，不妨選擇以往有傑出創意表現的廣告公司作代理，而不必考慮其市場調查、媒體掌握能力如何。

　　廣告代理商因屬專業經營機構，凡是有關廣告的作業，都在其工作範圍之內。從資料分析開始（包括產品分析、市場分析、顧客購買動機分析、消費習性分析、市場競爭態勢分析等），仕而協助廣告主擬訂廣告目標，編列廣告預算，並決定廣告策略。此後，媒體的選擇、廣告的製作、媒體計書、廣告表現策略、廣告

效果的追蹤評估等都是廣告公司應盡的責任。

　　廣告主將廣告交給代理商負責，並非表示自己可以置身度外、完全不相干了。事實上，廣告要做得成功，非要廣告主與廣告代理商雙方密切配合不可。

　　舉一個簡單的例子。若廣告主不把產品的特性，與他所要求的目標坦白告知廣告代理商，根可能導致廣告訊息傳遞的錯誤，造成無法彌補的損失。例如含有特殊護髮劑的洗髮精，應以「洗髮、護髮一次完成，雙效合一」為訴求重點．如果廣告主不坦誠向廣告公司說明該產品的特殊效果，廣告企劃很可能朝向「清潔、去頭皮、止頭癢」的不同定位，而很難與其他品牌在同一目標市場上區隔差異化的商品定位。

　　再以廣告預算為例。很多廣告主對廣告預算的提撥，都採用按營業額之百分比。或以上年度的營業額作基準，提撥一定比例的廣告預算；或以下年度營業預估額的百分比提撥。這些方法常是不著邊際的做法。事實上，較合理的廣告預算，應根據廣告目標，由廣告主與廣告公司共同決定採取何種廣告策略，再依各項活動逐一編列廣告預算。

　　由此可見，在整個廣告作業過程，廣告主與廣告代理商可以說是禍福與共。雙方必須站在共同的立場，對廣告目標琢得一致的具體看法，被此互信、互通，才能把廣告做得盡善盡美，而才能將產品行銷成功。

三、行銷研究

　　有關商品的行銷活動實在浩瀚無涯。廣告代理商的任務主要

在傳達商品的訊息給消費者。因此,對該商品的市場情報。諸如有那些競爭品牌、潛在市場規模大小、消費者的購買動機、購買行為與媒體適應性如何,商品生命是屬於上市期,成長期、成熟期抑或衰退期以及市場競爭態勢的優勢與劣勢分析、商品切入市場的機會與威脅分析……等,都應詳盡地提供給廣告主。

　　廣告的對象是觀眾或聽眾。然而,觀眾一詞所涵蓋的範圍實在太廣泛:他可能是男性或女性、是青少年或荳蔻少女;也可能是高級知識份子或市井小人物。一則廣告不可能一網打盡所有的消費群。因此,廣告戰略的第十一招,就是建立目標市場。亦即尋找目標客層(目標消費群)。調查目標客層對商品的印象,品牌認知度_品牌偏好,然後才能據此擬訂廣音訴求重點與商品定位並選擇適當有效的媒體。

　　目標市場的訊息如果錯誤,接著廣告策略就跟著錯誤百出,如此做出來的廣告一定失敗。可見市場清銀與行銷研究是廣告策略與實戰作業的指針,也是所有廣告策略的依據。這也正是現在許多廣告代理商或專業廣告公司將組織中的行銷研究獨立出來,另成立獨立專業的部門,而不再附屬於企劃部或行銷部的最主要原因。

四、商品定位

　　廣告是行銷推廣的一環。因此,廣告商品必須求取定位,充分表現出商品能為顧客帶來何種利益或能為顧客解決何種問題,以便讓顧客購買後獲得想要的滿足感。

商品定位應定位於以下幾種原則:

1.別人沒有的,我要有。

2.別人不做的,我要做。

3.別人做不到的,我做得到。

例如七喜汽水定位在非可樂的商品訴求。正因為在可樂市場已經有可口可樂、百事可樂與榮冠可樂等品牌。因此,七喜汽水便定位於別人不做的市場空隙而能脫穎而出,是最典型的商品定位成功的實例。

五、廣告表現與媒體計劃

大體而言,廣告的運用因市場態勢與時機之不同,其所選擇的廣告策略亦不同。例如:新產品上市,必須全力開發市場,此時應加強產品宣傳,打開產品知名度並提高產品讓顧客知曉的認知率,以確保佔有市場的利基與市場定位。如果產品在市場上已進入成熟期,各品牌的差異性很小,此時即可運用企業形象廣告;或著重公益性廣告以升市場地位。

產品廣告的表現方式,有所謂的感性訴求、理性訴求;正面訴求、反面訴求;比較訴求、獨立訴求;正經訴求、幽默訴求……等,不一而足。因此,廣告訴求點與廣告表現策略應採一致的步調。其中應配合商品特性、商品定位、市場競爭態勢、媒體特性以及消費者的接受習性等因素,方能尋出創造性的訴求點,以擬訂廣告策略與創作廣告表現。

例如:歐香咖啡以西洋星座的表現策略,搭配市場區隔、商

品定位與反面訴求的廣告策略，當CF廣告影片在電視媒體出現時，的確讓許多顧客產生心理震撼，因而很成功地銷售商品。

媒體的選擇會影響廣告到達率。一般常見的媒體如電視、報紙、雜誌、廣播、招牌、車體廣告、DM傳單等，每種都各具特性與廣告效果，其擁有的觀眾或聽眾群各不相同。因此，媒體計畫可協助廣告策略中媒體選擇的依據，以達到更大的廣告效果。

六、廣告效果評估

廣告推出以後，其效果如何？對廣告效果的評估，有專業收視率、收聽率或閱讀率的調查機構。然而，廣告主或廣告公司必須能評估廣告效果，以取得一致的認定，這樣才不致於因花了相當大的廣告費而對廣告效果無法並識而產生糾紛。

廣告效果的評估依下列幾點績效而定：

　　·市場佔有率提升
　　·目標市場的知名廣提高
　　·市場行銷量顯提高
　　·補貨的頻率提高

下表即為商品推出廣告後，第一年的廣告效果評估與廣告策略修正表：

第一年的目標	6個月			12個月		
	預計	實際	修正策略	預計	實際	修正策略
1.市場佔有率達到10%	5%	3%	增加5%的廣告投資。	10%	8%	知名度雖高，但市場佔有率卻很低，表示產品績效不佳。根據審慎調查的結果，考慮改進產品。
2.零售店的配銷密度達到25%	15%	12%	給經銷商更高的毛利與激勵，和更多的批發商保持連繫。	15%	15%	產品在店頭的位置可能是個問題，繼續規劃與零售商維持良好的關係。
3.目標市場的知名度達到50%	30%	25%	改進對目標市場的廣告訴求。	50%	60%	廣告上必須強調產品的實用性與知名度。
4.行銷費用控制在銷售額的50%	60%	60%	保持嚴格的成本控制，尤其是廣告費的增加，以及給經銷商更高的毛利。	50%	60%	確實找出行銷費用最高的項目，建立更嚴密的控制措施，並注意行銷費用的有效性。

七、結語

　　生活無處不廣告。廣告已進入每人個人的心中，更融合了每個人的日常生活。因此，廣告企劃或廣告活動必須結合人類生活的層面與消費者觀念。身為現代社會的生活人不得不對廣告有更深一層的體驗。

第三部

行銷研究與市場調查

5

消費者分析

消費者行為分析

　　消費者消費行為的決定雖然是很簡單的「買」或「不買」，但再仔細地分析，消費者在下定其購買決策前，實在是經過了一連串竭盡心思的心理掙扎與決策過程，銷售人員不僅該看其最後的購買決定，更要從情報蒐集、購買型態、付款方式，一直到其他有關之決策過程等等，茲以消費者行為表實例分析其購買程序。

消費者消費行為分析表

消費者	上班族	單身貴族	大學生	雅痞	年輕人	醫院
消費物	服飾	插花美容健身	教科書	汽車	速食	醫療儀器
消費動機	供上班需要	休閒	上課需要	表示身分、地位	聊天表示流行時髦	更新設備
消費方法	逛街選購並選擇流行、輕便衣服	參加專業進修活動	教授指定	看廣告、試車	朋友、同學相邀	醫院政策參考銷售型錄
消費時間	二天內	一週內	開學時	一週內	每天	三個月內
消費地點	廉價輕快流行的商店或地攤	專業訓練中心	大專教科書專門書店	汽車代理經銷商	各速食專門店	供應商或進口代理商
消費頻率	每星期一次	每三個月一次	每學期	兩年或每兩年	一次	每五年
滿意程度	尚可	很滿意	實用	拉風	很滿意	滿意

　　由於市場中包含了消費者（顧客）與競爭者兩大要素，因此，在行銷研究與市場調查中，消費者行為分析及消費研究即成為不可或缺的主要環節。

　　消費者研究的範圍涵蓋整個消費意識型態、消費動機、消費行為、購買力、感性消費、理性消費、消費理念、消費分眾與消費心理分析。因此，消費者研究屬於行銷較具感性與心理的層面。亦稱為軟性行銷(Soft Marketing)的原動力。

消費者需求與新產品

　　消費者導向時代的商品已趨向高附加價值型商品，其中包括高精緻感、高精密感、流行商品與複合型商品等。茲將消費者導向時代的商品與行銷之企劃架構分述如下：

消費者需求與新產品	品商	·高附加價值型商品（高精緻感、高精密感、微電腦、流行商品、複合型商品） ·健康、美容追求型商品（輕快、美容、夢想） ·新奇商品（人生新體驗之商品） ·與人類生活有關之商品（包食、衣、住、行、育樂）
	行銷	·商品名稱＋廣告宣傳型商品（幽默之商品名稱、方言、口頭禪等） ·價格競爭型商品（廉價商品、小型、薄型等輕薄短小型商品） ·隨身攜帶型商品 ·掌上型、口袋型、膝上型、筆記本型。

90年代（1990～1999）消費者的價值觀與需求

環境之變化	主要價值觀	重要的需求	重要市場	重要商品
老年化社會 職業婦女增加 人生哲學派 較生活者增加 個人主義化	活的 有生氣的 活動的 精力充沛的	高級化 有趣化 個性化 大型 簡便化 便利化	老人市場 單身漢市場 文化市場	高級烹調食品 調味食品 運動食品 食品加工器 多功能電子烤箱 立體電視、收音 錄音機 避免金屬干擾頻 率器 並列機能機器 微電腦機器 海外旅行 消磨時間型商品 （具有趣味者）
油價暴漲 資源替代 物價高漲 有限感加深	安全 救濟 儲蓄 節約 減少損耗 延長使用時間	實際 節約 節省能源 小型 薄型 價格低	健康市場 節省能源市場 低價格市場	低鹽分、低糖分 食品 脂肪含量少之食 品 纖維、鈣 含桿狀菌等添加 物之食品 未加工食品 超小型機器 節省能源機器 廉價商品 簡易運動用品 DIY 關聯商品 重視功能商品 再製造、修理 用品、服務

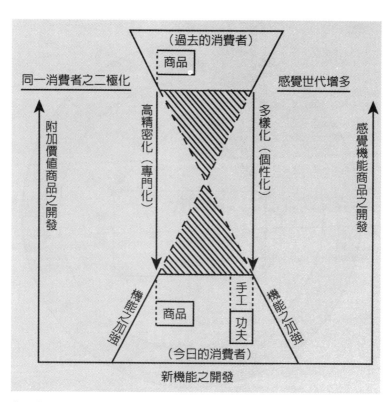

消費者的改變與商品之相關性（I）

（過去的消費者）

商品

同一消費者之二極化　　　　　　　　　感覺世代增多

高精密化（專門化）　　多樣化（個性化）

附加價值商品之開發　　　　　　　　　感覺機能商品之開發

機能之加強　　　　　　　　機能之加強

商品　　手工功夫

（今日的消費者）

新機能之開發

資料來源：日本行銷學會

消費者的改變與商品之相關性（Ⅱ）

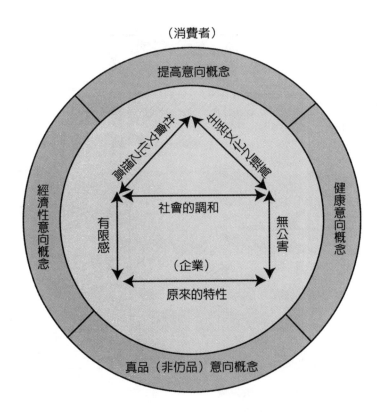

資料來源：日本行銷學會

消費品之行銷戰術

商品特性（行銷定位之內容）		
商品功能	經濟的特性	消費者偏好的特性
·商品之使用效果	·商品使用時之實際利益	·消費者偏好程度
·商品之使用滿足感	·滿足顧客之需要	·消費者對品牌忠誠度

〈實例〉「來吻我的口紅～吻我吧！」

「KISS ME」奇士美口紅，消費者購買動機

1.化妝打扮有禮貌的行為

2.愛美之天性

3.渴望被讚美

4.期待男人吻她（心儀的白馬王子）

行銷定位訴求點	創意設計的特性
·商品機能 ·商品感覺度 ·顧客心理反應 ·滿足顧客心理 ·所企盼之訴求點	·解決消費者困難問題 ·消費者偏好 ·消費者行為研究，動機研究與購買行為

消費者研究（顧客研究）

企業應加強行銷活動並做好顧客研究的工作，方能掌握市場競爭態勢，茲將顧客研究方式分述如下：

一、過去顧客之分析

從以往釣銷售資料中，可以分析下列三要項，以作突破業績之參考。

1.不再購買者：可能看出一般購買型態的變化情況。
2.減少購買者：可能看出購買次數與購買數量之變化。
3.失去的顧客（即改向競爭者購買者）：可能看出本公司產品與服務的潛在問題點。

二、目前顧客之分析

目前顧客的購買習性與消費行爲，可以做爲公司拓展市場的機會點。因此，值得研究下列各項問題點：

1.大部份的顧客是否集中在某些特定目標市場？除此之外，本公司產品或服務尙可賣給哪些潛在顧客？
2.是否有機會將公司的其他產品行銷給現有的顧客？
3.本公司產品應如何改進與突破，以更符合市場顧客的需要？
4.顧客能否大量採購或做更多次採購（重複購買）？

5.本公司是否訴求特定的市場區隔？

6.市場競爭者有哪些？

7.本公司顧客對產品的市場定位如何？

三、未來顧客之分析

可以運用下列各項方法分析未來的潛在顧客，以利行銷機會的掌握：

■市場研究

■潛在顧客分析

■競爭者研究

■商品定位分析

■市場切入的問題點與機會點

■市場定位與目標區隔客層

■市場經營策略

未來潛在顧客的實戰方法分析圖

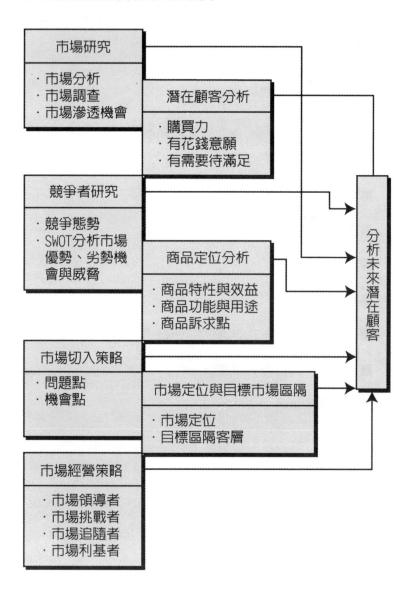

行銷研究的程序

　　行銷研究的程序，主要的是能先掌握行銷問題點，並能設計解決行銷問題之對策，其程序可如下圖所示：

行銷研究流程圖

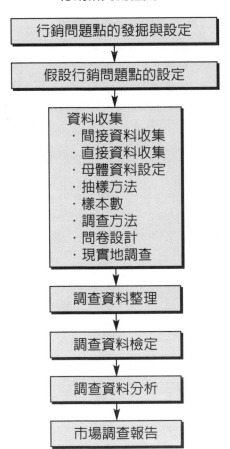

　　在此所謂的行銷問題，其主要的範圍包含有消費者、競爭者、市場競爭態勢、產品、訂價、廣告、行銷通路、促銷活動及物流實體分配等。由於廣告是運用特定的媒體將產品或服務的訊息傳達給特定的對象，使其對產品或服務產生良好的印象與態度，並進而加指名購買。對廣告而言，其所需要的主要行銷情報如下表所示：

廣告所需要之行銷情報

行銷情報	目標市場區隔	廣告策略
消費者	・性別、年齡、職業、所得、教育程度、區域 ・使用目的、使用習慣、使用動機、使用後評估 ・購買時間、購買場所 ・購買方法、購買動機 ・品牌忠誠度	・廣告訴求點 ・媒體選擇區隔 ・廣告物出現頻率 ・產品定位（Product Posittioning）
產品	・品質、效用、特性 ・產品生命週期 ・產品行銷通路	・產品差異化 ・產品再定位
廣告媒體	・分佈數量或分佈範圍 ・收視率、收聽或閱讀人數 ・年齡、教育程度、職業所得收入等的特性。	・廣告物組合 ・廣告預算 ・廣告效益評估

行銷情報系統戰略架構圖

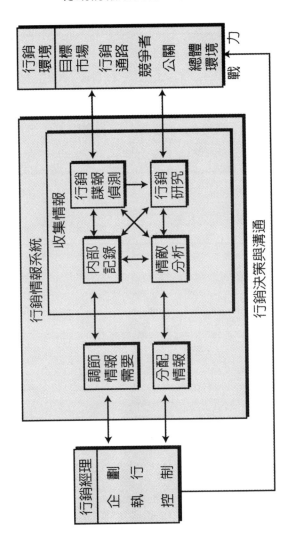

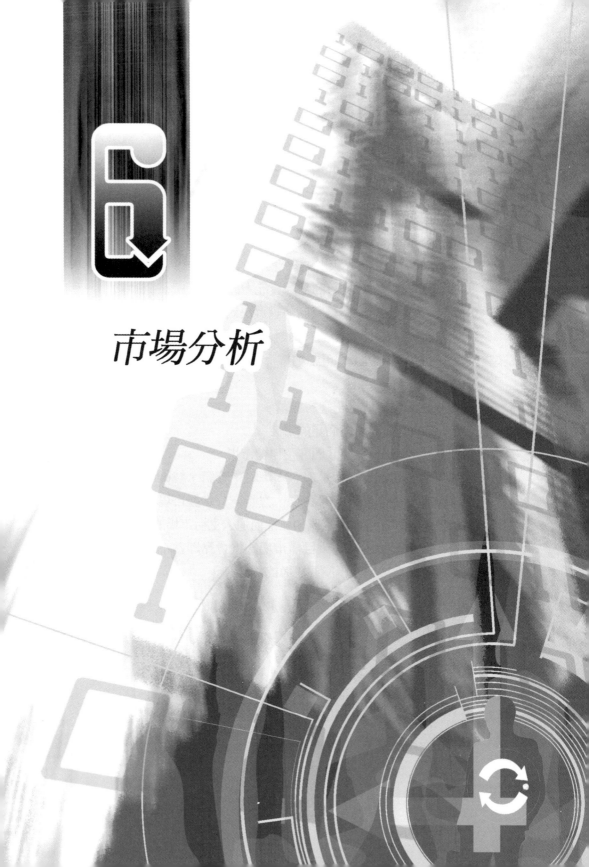

6

市場分析

這是一個市場導向的行銷時化。所謂「市場導向」（Market-Oriented），就是企業的一切決策與競爭，都應該以市場為核心。因此，市場的突破理念即為「MAN」的市場經營企劃。茲將ＭＡＮ市場企劃的經營理念分析如下：

MAN：對「市場人」的理念評價

   M：Money 具有商品購買能力的人

   A：Authority 具有商品購買決定權的人

   N：Needs 對商品有絕對需要的人

綜合以上所述，即可歸納為下列市場形成的原因，亦即：

Money 有錢可花

Authority 有決定花錢的意願

Needs 有無窮尚待滿足的需要

因此，MAN為有效顧客及目標市場

現代化的市場經營是理念、策略、資訊、技術與定位的總結合。唯有整體的市場經營企劃，方能充分掌握市場整體脈動，領導市場流行、創造市場主流，並進而邁入生活市場的領域。

在競爭態勢中，切入目標市場的機會點即為市場分析的細分化，以下即為市場分析所要思考的課題：

1.顧客所購買的是什麼？（亦即顧客的真正需求是什麼？）

2.如何滿足顧客的需求？

3.在眾多競爭者中，誰最能滿足顧客的需求？

4.本公司與這些競爭者的優勢、劣勢、機會與威脅如何？

5.本公司是否能改變原有定位而成為市場贏家，並躋身強勢品牌之列。

在行銷活動中能深刻地影響產品生命的有市場細分化與產品

差別化的計畫活動。

下表即為扼要地述明此兩者之間的關係：

戰略 項目	市場細分化	產品差別化
經營理念	消費者導向	生產、產品導向
主要因素	產品企劃	廣告、銷售促進
產品生命週期	成熟期	試銷期、成長期
目的	增加附加價值 確保特定市場	規模經濟的擴大 占有率
市場對象	垂直的	水平的
需要	選擇性需要	第一次需要

市場分析的方法

市場的動態，乃隨著時間與市場競爭態勢而變化，茲將市場分析的方法述如下：

1.目標市場中的客層

分析目標市場中的Money，Authority與Needs各種因素，並要詳加瞭解目標市場中有多少？住在什麼地方？職業是什麼？購買力有多大？

2.目標市場區隔

將目標市場加以細分化，並將同質市場區隔後加以定位，以掌握市場利基。

3.市場定位

將產品切入市場的利基與市場優勢，重新評估後再加以做適當的定位。

4.顧客購買的動機

以市場調查方法，分析顧客購買產品的次數與動機，才能做市場企劃的依據。

5.顧客的購買組織

任何一種採購，無論是工業產品或消費品，都要有人扮演發起者、影響者、決定者、採購者與使用者等角色。例如人一口渴，就會發起要買飲料喝，並影響自己要不要買？買何種飲料？最後自己做決定，自己去買，並且自己將飲料喝完。因此，一個人完全扮演五種角色，由發起意念、影響購買、決定購買、採購行動到使用產品，全部包辦。

6.瞭解顧客購買的作業

顧客購買是例行購買或是新的購買。如果是新的購買，則購買方式可能不一樣，新的購買要提供的市場情報以及廣告的方式都不盡相同。如果顧客的購買作業是屬於例行購買，當顧客購買習慣以後，則在市場分析時的處理方法亦不一樣。因為行行購買往往促使顧客有品牌忠誠的情況，這樣則廣告活動對於此種顧客即無法發揮較大的功能。

7.瞭解顧客購買的時機

瞭解顧客在購買產品時是否為全部購買，還是具有季節性？如果有淡季與旺季之分，則分析市場時即可採用差別定價或其他行銷方法以減少淡季、旺季需求水準的差異。

茲將市場分析之架構圖敘述如下：

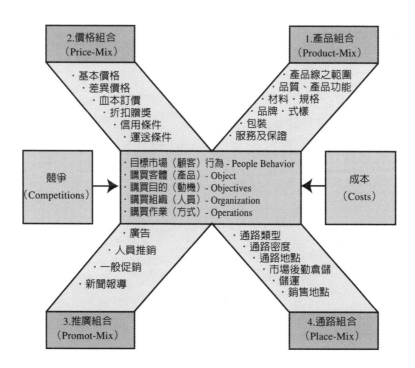

2.價格組合
（Price-Mix）

‧基本價格
‧差異價格
‧血本訂價
‧折扣贈獎
‧信用條件
‧運送條件

1.產品組合
（Product-Mix）

‧產品線之範圍
‧品質、產品功能
‧材料‧規格
‧品牌‧式樣
‧包裝
‧服務及保證

競爭
（Competitions）

‧目標市場（顧客）行為 - People Behavior
‧購買客體（產品）- Object
‧購買目的（動機）- Objectives
‧購買組織（人員）- Organization
‧購買作業（方式）- Operations

成本
（Costs）

‧廣告
‧人員推銷
‧一般促銷
‧新聞報導

‧通路類型
‧通路密度
‧通路地點
‧市場後勤倉儲
‧儲運
‧銷售地點

3.推廣組合
（Promot-Mix）

4.通路組合
（Place-Mix）

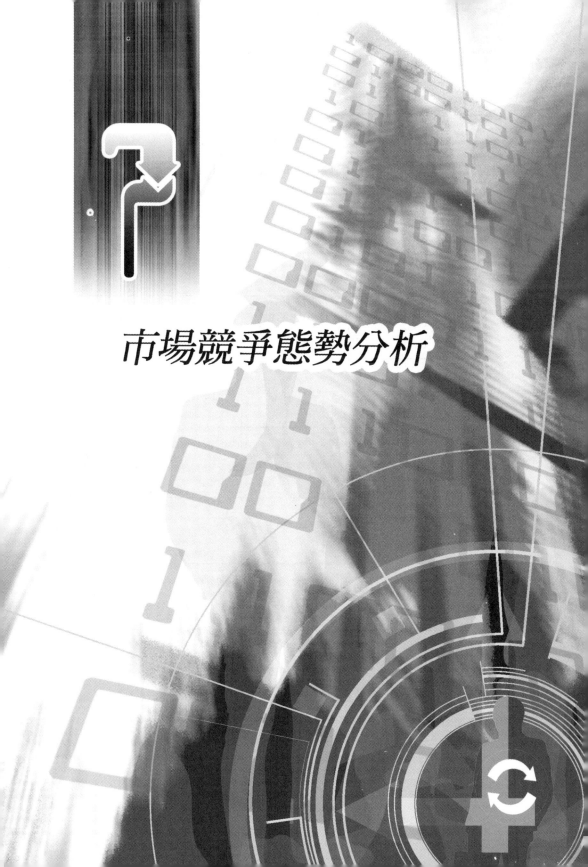

市場競爭態勢分析

　　市場競爭態勢（Market Competitive Situation）乃擬訂廣告策略必備的要因分析。其中最主要的情勢分析為「S.W.O.T」分析-Strength（優勢）、Weakness（劣勢）、Opportunity（機會）與Threat（威脅）。茲將S.W.O.T分析列表如下：

SWOT	Strength 優勢	Weakness 劣勢	Opportunity 機會	Threat 威脅
企業 分析				
競爭 者分析				
產業 分析				
顧客 分析				
環境 分析				

市場導入與導入作戰之企劃架構

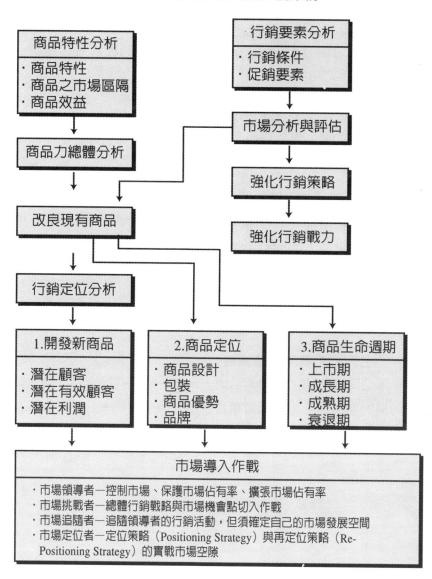

商品特性分析
・商品特性
・商品之市場區隔
・商品效益

行銷要素分析
・行銷條件
・促銷要素

商品力總體分析

市場分析與評估

改良現有商品

強化行銷策略

強化行銷戰力

行銷定位分析

1.開發新商品	2.商品定位	3.商品生命週期
・潛在顧客 ・潛在有效顧客 ・潛在利潤	・商品設計 ・包裝 ・商品優勢 ・品牌	・上市期 ・成長期 ・成熟期 ・衰退期

市場導入作戰
・市場領導者—控制市場、保護市場佔有率、擴張市場佔有率
・市場挑戰者—總體行銷戰略與市場機會點切入作戰
・市場追隨者—追隨領導者的行銷活動，但須確定自己的市場發展空間
・市場定位者—定位策略（Positioning Strategy）與再定位策略（Re-Positioning Strategy）的實戰市場空隙

行銷機會與市場戰略

行銷機會與市場戰略的優勢與劣勢由下列四種分析獲致結果。

一、本公司的優勢與戰略機會

本公司的商品優勢與商品切入市場的戰略機會點。例如商品利基的訴求點與市場滲透策略均可尋出市場空隙。

二、本公司的優勢與戰略威脅

本公司的商品優勢與商品切入市場時受競爭環境的威脅。例如價格無競爭性、商品無定位以及通路之行銷網尚未建立等。

三、本公司的劣勢與戰略威脅

本公司商品的劣勢與商品切入市場時受市場競爭環境的威脅。例如商品力較弱、商品生命太短等競爭力薄弱。

四、本公司的劣勢與戰略機會

本公司商品的劣勢與商品切入市場時的戰略機會點。例如競爭力弱的商品組合應以低價滲透目標市場，尋找本公司商品有利的行銷機會。茲將行銷環境與本公司能力分析列表如下：

行銷環境分析與本公司競爭能力分析的結果與整合表

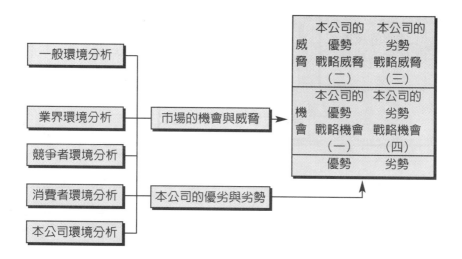

	本公司的 優勢	本公司的 劣勢
威 脅	戰略威脅 （二）	戰略威脅 （三）
機 會	戰略機會 （一）	戰略機會 （四）
	優勢	劣勢

一般環境分析

業界環境分析 ── 市場的機會與威脅

競爭者環境分析

消費者環境分析 ── 本公司的優劣與劣勢

本公司環境分析

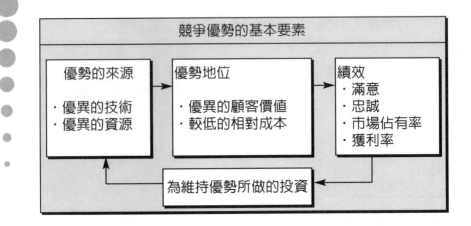

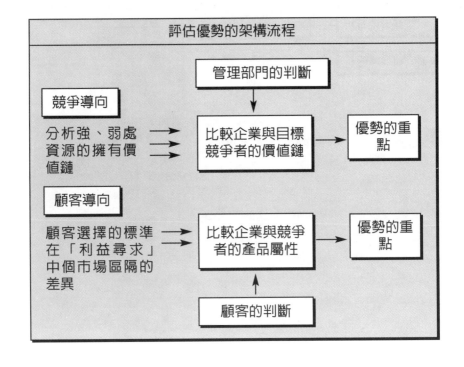

市場競爭態勢企劃架構

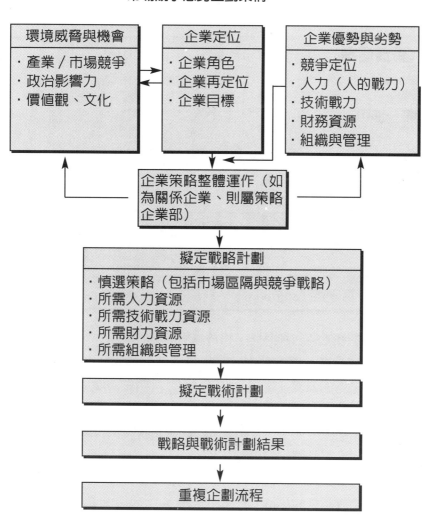

市場調查問卷實例

（香菸個案）

第一部份

　　下面列有六種品牌香菸，也許您並沒有完全都抽過。如果您曾抽過，請根據您自己的經驗來回答；如果您沒抽過，也請根據您所瞭解來回答下列各問題：

代號	品牌	代號	品牌
1	長壽牌	4	肯特牌（KENT）
2	寶島牌	5	三五牌（555）
3	萬寶路（Marlboro）	6	百樂門（Parliament）

　　1.請問在上述六種品牌，您最嘉愛的品牌為□（代號）
　　2.上述六種品牌香菸中，請您分別就下列九個因素考慮您對各品牌的嘉愛（偏好）次序為何？（請在□填上代號即可）

> 例如：就價格而言，如果您最滿意的品牌是長壽牌，其次滿意的品牌是寶島牌，而最不滿意的品牌是萬寶路，則填法如下：
> 最滿意的品牌　　，其次滿意的品牌□，最不滿意的品牌□。

(1) 就香味（濃，淡）而言：最滿意的品牌□，其次滿意的品牌□，最不滿意的品牌□。

(2) 就口味（濃，淡，辣，霉，苦）而言：最滿意的品牌□，其次滿意的品牌□，最不滿意的品牌□。

(3) 就包裝而言（外型，圖案）：最滿意的品牌□，其次滿意的品牌□，最不滿意的品牌□。

(4) 就尼古丁，焦油含量而言：最滿意的品牌□，其次滿意的品牌□，最不滿意的品牌□。

(5) 就燃燒速度而言：最滿意的品牌□，其次滿意的品牌□，最不滿意的品牌□。

(6) 就菸捲鬆緊程度而言：最滿意的品牌□，其次滿意的品牌□，最不滿意的品牌□。

(7) 就價格而言：最滿意的品牌□，其次滿意的品牌□，最不滿意的品牌□。

(8) 就品牌形象而言：最滿意的品牌□，其次滿意的品牌□，最不滿意的品牌□。

(9) 就購買便利性而言：最滿意的品牌□，其次滿意的品牌□，最不滿意的品牌□。

3.說明：以下有九項考慮因素：

□ 香味　□尼古丁，焦油含量　□價格

□ 口味　□燃燒性　　□品牌形象

□ 包裝　□菸捲鬆緊程度　□購買便利性

第一考慮□，第二考慮□，第三考慮□（請填寫代號）

第二部分

以下請教您對一些事物及有關香菸的看法，請把您對每一問題的同意程度勾選出來，每一問題並無標準答案，並無所謂對與錯，請儘量把您的意見表達出來。請在下列各題下欄中最適當的□內劃「∨」

	非常不同意	不同意	不能確定	同意	非常同意
1.一般說來，我對外國產品比對本國產品更具好感	□	□	□	□	□
2.社會經驗比學歷重要多了	□	□	□	□	□
3.我喜好追求流行，時髦與新奇的東西	□	□	□	□	□
4.閱讀雜誌時，各種廣告畫面常會引起我的注意	□	□	□	□	□
5.外國影片中的暴露或親熱鏡頭，實在沒有剪掉的必要	□	□	□	□	□
6.我的朋友認為我是一個具有創造力或想像力的人	□	□	□	□	□
7.即使到一個陌生環境，我也不會擔心	□	□	□	□	□
8.養兒防老的觀念已經不適合現代社會	□	□	□	□	□
9.同樣的東西，外國產品會比國內的產品好些	□	□	□	□	□
10.我比較嘉歡安定有保障的工作	□	□	□	□	□
11.我喜歡購買具有特殊風格的產品	□	□	□	□	□
12.廣告是一個很好的消息來源	□	□	□	□	□
13.我的社交活動比大部份的朋友多	□	□	□	□	□

14.我自認比大部份的朋友更有信心　□ □ □ □ □

15.當我使用外國化妝品時，心理多少會　□ □ □ □ □
　有滿足感

16.我喜歡找新奇的事物來增進家庭樂趣　□ □ □ □ □

17.對我而言，應付人際關係及處理感性　□ □ □ □ □
　問題並不困難

18.我們家目前的收入已經很夠用了　□ □ □ □ □

19.我買東西時，儘量配合自己的身份與　□ □ □ □ □
　地位

20.我認為自己有多方面的才華　□ □ □ □ □

21.兒女如不喜歡唸書，就不要強迫他們　□ □ □ □ □

22.縱使價錢貴了一點，我還是喜歡買外　□ □ □ □ □
　國產品

23.我喜歡平平凡凡的過日子　□ □ □ □ □

24.婦女的三從四德，已不適合於現今社會　□ □ □ □ □

25.我容易和初次見面的人談得很愉快　□ □ □ □ □

26.廣告作得多的產品，比較值得信賴　□ □ □ □ □

27.我比大多數的人更能獨立自主　□ □ □ □ □

28.在朋友中，我通常是最先使用新產品　□ □ □ □ □
　的人

29.抽菸已經成為生活中的一種習慣　□ □ □ □ □

30.抽菸可以啟發我的靈感與思考　□ □ □ □ □

31.香菸盒應標示焦油及尼古丁的含量　□ □ □ □ □

32.我的同性好友都有抽菸的習慣　□ □ □ □ □

33.無聊的時候，嘉歡以抽菸來消磨時間　□ □ □ □ □

34.抽菸讓我感覺具有成熟感　□ □ □ □ □

35.抽菸讓我感覺具有成熟感 ☐ ☐ ☐ ☐ ☐

36.在工作的時候，我常藉抽菸來促進我 ☐ ☐ ☐ ☐ ☐
　的思考與靈感

37.疲勞或熬夜時，我喜歡抽菸來提振精神 ☐ ☐ ☐ ☐ ☐

38.適當的時候，遞上一根菸，可以因而 ☐ ☐ ☐ ☐ ☐
　獲得一份友誼

39.抽菸對人體的健康是有害的 ☐ ☐ ☐ ☐ ☐

40.香菸是交際應酬及爭取友誼所不可缺 ☐ ☐ ☐ ☐ ☐
　少的工具

41.在我困惑無助時，點支菸就有如點燃 ☐ ☐ ☐ ☐ ☐
　心中的希望之火

42.抽菸常使我的喉嚨感到不舒服 ☐ ☐ ☐ ☐ ☐

43.與朋友聊天時，我常藉著抽菸來排除 ☐ ☐ ☐ ☐ ☐
　沈悶氣氛

44.我喜歡抽菸時那種吞雲吐霧的感覺 ☐ ☐ ☐ ☐ ☐

45.抽菸可使我紓解工作上或學業上的壓力 ☐ ☐ ☐ ☐ ☐

46.抽菸可以緩和緊張的情緒，使我工 ☐ ☐ ☐ ☐ ☐
　作有效率

47.心情煩悶時，我經常藉抽菸來消磨 ☐ ☐ ☐ ☐ ☐
　時間

48.吸菸對周圍人們的健康有影響 ☐ ☐ ☐ ☐ ☐

49.抽菸讓我感覺比較具有魅力 ☐ ☐ ☐ ☐ ☐

50.抽菸使我易被周圍的朋友所接納 ☐ ☐ ☐ ☐ ☐

第三部分

　　這一部分請教您一些有關香菸的問題，請選擇您認為最適當

的答案，在該答案的□中劃「∨」

1.請問您在幾歲時開始吸菸？

□(1)16歲以下　□(2)16～20歲　□(3)21～25歲

□(4)25歲以上

2.請問您過去有無戒菸紀錄？

□(1)未曾　□(2)曾經戒過菸

3.請問您每日吸菸量有多少？

□(1)3支菸以下　□(2)3～10支菸　□(3)11～19支菸

□(4)1包～2包　　□(5)2包以上

4.請問您比較常抽那一種品牌的香菸？（單選）

□(1)長壽牌　　□(2)寶島牌　□(3)福祿牌

□(4)總統牌　　□(5)萬寶路（Marlboro）

□(6)肯特牌（KENT）　　□(7)雲絲頓（Winstton）

□(8)三五牌（555）　□(9)百樂門（Parliament）

□(10)賽倫（Salem）　□(11)其他省產菸

□(12)其他外國香菸

5.請問您偏愛

□(1)菸味醇美的濃菸　□(2)其他外國香菸

□(3)薄荷菸

6.根據第四題答案，您若抽的是外國菸，請問這一習慣是始於何
　時？（抽國產菸者，不必回答）

7.請問在您開始有抽菸習慣時，您的父母親是否早已有抽菸的習
　慣？

□(1)雙親均不抽菸　□(2)僅父親有抽菸的習慣

□(3)僅母親有抽菸的習慣

□(4)雙親均有抽菸的習慣　□(5)不記得了

8.請問您開始抽菸時，您家人的態度及看法如何？

□(1)非常反對　□(2)有些反對　□(3)不反對

□(4)沒表示意見　□(5)不記得了

9.請問您最常抽菸的時間與場合（請單選）

□(1)在上班或上學中的休息時間

□(2)在公司或家裡接待客人時

□(3)在下班或放學後的休息時間

□(4)在公眾場合應酬或社交活動時

□(5)在工作時

□(6)在飯後休息時

10.以下是您在購買香菸時，可能會考慮的一些因素。請問您對各
　　項因素重視程度如何？在以下各題中，請依您對各項因素重視
　　程度的看法，在適當的□中劃「∨」

	毫不重視	無意見	有點重視	重視	非常重視
1.就香味（濃、淡）而言	□	□	□	□	□
2.就口味（濃、淡、辣、霉、苦）而言	□	□	□	□	□
3.就包裝（外型圖案）而言	□	□	□	□	□
4.就尼古丁、焦油含量而言	□	□	□	□	□
5.就燃燒速度而言	□	□	□	□	□
6.就菸捲鬆緊程度而言	□	□	□	□	□
7.就價格而言	□	□	□	□	□

8. 就品牌形象而言 　　　☐　☐　☐　☐　☐

9. 就購買便利性而言 　　☐　☐　☐　☐　☐

第四部分

　　以下是關於您個人的背景資料，本問卷採不記名的方式作答，且所有資料僅供統計分析之用，絕不單獨對外發表，敬請您詳實作答；請在適當的☐中劃「Ｖ」

1. ☐(1)16 歲以下　　☐(2)16～20 歲　☐(3)21～25 歲

　　☐(4)26～30 歲　　☐(5)31～35 歲　☐(6)36～40 歲

　　☐(7)41～45 歲　　☐(8)46～50 歲　☐(9)51～55 歲

　　☐(10)56～60 歲 ☐(11)61～65 歲 ☐(12)66 歲以上

2. 您的婚友狀況：

　　☐(1)已婚

　　☐(2)有固定異性朋友

　　☐(3)有異性朋友，但不確定

　　☐(4)沒有異性朋友

　　☐(5)離婚或鰥居

3. 您的宗教信仰：

　　☐(1)無宗教信仰　☐(2)佛教　☐(3)道教　☐(4)天主教

　　☐(5)基督教　☐(6)回教　☐(7)其他

4. 您平均每月的收入是：

　　☐(1)10,000 元以下　　☐(2)10,000～15,000 元

　　☐(3)15,001～25,000 元　☐(4)25,001～35,000 元

　　☐(5)35,001～40,000 元　☐(6)50,001～100,000 元

　　☐(7)100,001 元以上

5. 您的學歷是：

□(1)小學或以下　□(2)初中（職）　□(3)高中（職）

□(4)專科　□(5)大學　□(6)碩士、博士

6.您的職業是：

□(1)無兼職收入的學生

□(2)有兼職收入的學生（請續在下列8項內勾選所屬職業）

□(3)軍警人員

□(4)公教人員

□(5)民營企業職員

□(6)工人

□(7)農人

□(8)自由業

□(9)自營生意者（老板或股東）

□(10)其他　（請說明）

行銷研究實戰表

行銷部門市場經營診斷查核表

大項目	中項目	小項目	查核點	著眼點
I 方針計劃		1.基本方針	a.根據經營方針的營業方針是否明文化？ b.根據中期展望的營業方針是否確立？ c.營業方針、部門方針是否徹底至基層職員？	
		2.重點方針	a.年度別的重點方針是否明確？ b.是否查核重點方針的實施狀況？ c.對方重點方針的行程表，行動的具體策略是否明文化？	
		3.銷售計畫建立之基準	a.銷售計劃是否依商品別、地域別、顧客對象別、部門別、月別、推銷員別而建立？ b.銷售計劃中數量與價格何為重點？ c.銷售之利潤管理計劃是否管理？ d.利潤管理是否以毛利金額來管理？ e.計劃數據是否全體貫徹？ f.計劃是否比業界、地域水準高？ g.目標管理是否徹底？ h.銷售實績中如何掌握理想成長率與實質成長率？	

大項目	中項目	小項目	查核點	著眼點
Ⅱ市場		1.範圍	a.市場範圍是縮小或擴大？ b.如何因應供需之差距？	
		2.市場佔有率？	a.市場佔有率是否提高？ b.市場佔有率在業界排名第幾？ c.是否掌握地域別的市場佔有率？ d.是否展開提高市場佔有率之策略？ e.是否掌握商品別之佔有率？	
		3.競爭對象實態	a.是否掌握競爭對象的實感？ b.競爭對象對策是否明確？ c.有無採行對競爭對象的差別化策略？	
		4.據點策略	a.營養據點是否以面的展開？ b.從市場性來看據點立地是否適當？ c.從需求量來看據點規模是否適當？ d.地域據點在業界排名第幾？ e.據點是否適合業種以及商品性質？ f.店舖設計是否適合商品以及企業性質？	
		5.市場策略	a.地域別策略是否建立？ b.競爭對象侵入市場的因應策略為何？ c.原材料動向？ d.有為目標NO.1的市場佔有率，而實行市場佔有率作戰？	

大項目	中項目	小項目	查核點	著眼點
II市場		5.市場策略	e.作為展開市場戰略的判斷基準之市場分布圖是否作成？ f.是否掌握顧客對象的競爭情況？ g.是否掌握顧客需求的特性？ h.是否明確的認識潛在購買？ i.市場目標是否配合公司方針？ j.是否掌握地域別的市場成長性？	
		6.市場調查	a.是否定期的實施市場調查？ b.市場調查結果是否活用於銷售？ c.是否整市場目標？	
III顧客		1.顧客管理	a.是否實施顧客結構的ABC分析？ b.重點顧客的成長力以及銷售增加金額高嗎？ c.是否定期拜訪重點顧客？ d.是否有整套顧客對象的資料？ e.是否積極的收集顧客之需求？ f.是否定期的實施顧客之評估？ g.是否積極的創造固定顧客？ h.固定顧客的銷售金額是全體的幾％？ i.是否推動顧客之組織化？ j.是否和顧客對象協力開拓消費者？ k.是否作好C級之對策？	

大項目	中項目	小項目	查核點	著眼點
III 顧客		2.商店佔有率與商品佔有率	a.是否有作商店佔有率與商品佔有率之分析？ b.是否有作市場分析圖（顧客對象競爭對象之據點） c.商店佔有率居業界地域第幾位？	
		3.新開拓	d.業界 NO.1 的商店佔有率佔幾％？ e.商品佔有率 NO.1 的顧客有幾家？ f.是否積極創造商品佔有率 NO.1 的顧客對象？ g.是否積極創造模範店舖、模範攤位？ a.是否定期，有計劃的進行新開拓？ b.經介紹而新開拓的有幾案？ c.新開拓是靠他力或本身的力量？	
IV 商品		1.商品政策	a.對於商品品質上的基本方針是否確立？ b.品質保證制度是否確立？ c.商品品質的程度是否適合需求？ d.商品方針是否明確？ e.是否採行降低成本政策？	
		2.價格政策	a.有關價格的基本方針是否明確？ b.是否具有決定價格的自主性？ c.價格是否適合顧客的購買力？	

大項目	中項目	小項目	查核點	著眼點
IV商品		2.價格政策	d.是否實施價格管理？ e.商品力與價格之間有無差距？	
		3.商品供應	a.是否查核主力商品的壽命週期？ b.過去是否有發生有缺點的商品？ c.是否積極的開發商品？ d.新商品的開發是否比競爭對象落後？ e.是否採行與製造廠商等的交易對象緊密業務合作的體制以開發供應新商品？ f.是否回饋需求動向等的資訊以促進新商品開發？ g.不僅開發硬體也努力開發軟體？ h.是否開發合於時代需求（快、薄、小）的商品？ i.是否以國際性眼光來作商品供應計劃？ j.是否從素材仔細研究材料設計？ k.是否適合商品與顧客的目標？ l.是否作合於資訊本質的材料設計？ m.因應出口商品之匯率變化的策略？	
		4.商品結構	a.檢討商品結構是否作成銷售金額邊際利益別？	

大項目	中項目	小項目	查核點	著眼點
IV商品			b.商品別邊際利益率是否高於業界水準？ c.商品別交叉比率是否高於業界水準？ d.商品結構（主力、戰略、補助、未來）的比重如何？ e.商品結構是否合於週期短、數量少、交期短、加工度高的時代需求的材料設計？	
		5.品牌	a.品牌是否確立？ b.在地域的品牌形象高嗎？ c.設計、包裝、命名是否恰當？ d.是否具有專利商品？ e.是否具有專利申請中之商品？	
		6.批進	a.是否致力於批進通路的縮短化？ b.是否成為地域NO.1的批進對象？ c.是否積極的批進新商品？ d.是否有作以顧客（固定客）為對象之批進？ e.是否有選擇批進對象？ f.是否與業界可靠的批進對象有往來？ g.是否積極的拜訪批進對象？ h.有無實施批進的先行管理？	
V 通路線		1.批發路線政策	a.銷售通路政策是否明確？ b.是否有作配合商品特性之地域別、顧客別、商品別銷售通路之設定？	

大項目	中項目	小項目	查核點	著眼點
V通路線			c.是否掌握上位企業有力競爭對象的銷售通路政策？ d.是否採行下游策略？ e.是否採行系列化策略？	
		2.路線管理	a.從商品特性來看銷售路線是否恰當？ b.有無開拓新路線？ c.是否比競爭對象的銷售路線強？	
VI體制		1.銷售組織	a.其組織是否容易貫徹營業策略方針？ b.主管的領導能力是否充足？ c.與其他部門的連絡與連絡協調管制是否充足？ d.部門的分層負責是否明確？ e.部門的連絡、報告是否充分？ f.部門的負責地區、顧客對象是否明確？ g.組織是商品別銷售組織？是地域別銷售組織？是業態業種別（市場別）銷售組織？ h.部門的目標，責任權限是否明確？ i.是否確實的處理從顧客來的連絡？ j.與顧客的業務接洽人員是否統一？	
		2.銷售陣容	a.從銷售金額規模來看銷售人員的人數是否恰當？ b.銷售管理者的質與量是否充足？	

大項目	中項目	小項目	查核點	著眼點
VI 體制		2.銷售陣容	c.銷售陣容是否優於競爭對象？ d.銷售人員的業務、責任是否明確？	
		3.促銷	a.銷售重點的明確化 b.是否進行促銷宣傳的企業與銷售？ c.有無促銷的先行管理？ d.是否有計畫的作廣與ＰＲ活動？ e.使用多少廣告費？（對銷售金額對毛利） f.有無整套促銷資料？ g.是否蒐集競爭對象的促銷資訊？ h.是否積極的提供宣傳話題？ i.促銷目的是否浸透至第一線？ j.是否有作企業使命感、企業態度的PR？ k.有無實施公司內部銷售競賽？ l.營業意見是否反映於促銷計劃中？ m.有無實施折扣策略？ n.本公司具有幾個獨自的促銷企畫？ o.有無實施銷售店援助、顧客援助？ p.有無實施流通通路別的促銷？	

大項目	中項目	小項目	查核點	著眼點
VI 體制		4.服務體制	a.本公司服務的特徵何在？ b.售後服務、售前服務是否徹底？ c.是否有計劃的實施售後服務且直接聯繫著銷售金額？ d.服務內容是否有助於售用累積？ e.是否定期舉行研修以提升服務技術之水準？	
		5.抱怨處理體制	a.是否正確記錄抱怨的發生狀況？ b.是否迅速處理抱怨？ c.是否積極的解決抱怨？ d.是否採究分析抱怨的原因，以及採行防止再生發生的策略？ e.有無因抱怨而發生減價與退貨？	
		6.輸送	a.是否採行輸送合理化的策略？ b.是否適當的訂定輸送計畫且實施？ c.是否考慮輸送成本的合理化且實施？ d.與銷售金額比的輸送費比率是否高於業界平均？ e.是否適當的實施交貨期管理？	
VII 管理		1.生產力與效率	a.是否達到銷售員每人銷售金額、邊際利益，與直接銷售經費的標準？	

大項目	中項目	小項目	查核點	著眼點
VII 管理		1.生產力與效率	b.是否掌握顧客對象每家的銷售效率？ c.是否有根據銷售金額成長率、資產內容、銷售金額的絕對金額作ＡＢＣ分析？ d.是否掌握每原單位的銷售效率？（車每1台，每公克） e.是否謀求銷售費的效率化（電話訂貨，每1台的輸送費、旅費、交通費、廣告費）	
		2.利潤管理	a.是否有作銷售金額與毛利的利潤管理？ b.是否具有強烈意願以迅速的達到目標？ c.經營者的利潤管理是否了解？ d.是否收集消除對目標差額的資料？	
		3.回收管理	a.是否每月查核顧客別、負責人別的回收率、應收款餘額、賣方餘額？ b.3個月以上的滯留應收款、幹部是否一定實地查核？ c.開應收款新戶頭是否謹慎審查？ d.顧客對象別的交易條件是否明確？ e.是否定期查核顧客對象的信用度（擔保狀況、借款狀況，和銀行的溝通，有無主要銀行）	

大項目	中項目	小項目	f.是否努力短縮回收期限？	著眼點
VII 管理		3.回收管理	g.回收期限是否比業界平均短？ h.對於大顧客是否設定信用限度？ i.是否定期修改信用限度？ j.是否研究法定方法以確保債權？ k.是否有作顧客對象的信用管理？ l.顧客有無累積赤字？ m.顧客有無陷於銷售不振？ n.顧客有無回收困難的應收款？	
		4.資訊管理	a.經營者以及營業幹部有無資訊收集能力？ b.經營者擁有的資訊是否浸透至基層？ c.是否彙總、檢討且活用資訊？	
		5.銷售人員管理	a.銷售人員的安定性好嗎？ b.銷售人員的基本動作好嗎？ c.以何種方法進行銷售人員的業績查核？ d.是否灌輸銷售人員積極的收集銷售人員商品開發資訊與競爭對象資訊？ e.銷售人員的報告、連絡、指示、命令徹底的程度如何？ f.銷售人員的刺激性薪資（成果報酬、比率薪資、獎金制度）是否併用？	

大項目	中項目	小項目	查核點	著眼點
VII 管理		5.銷售人員管理	g.銷售人員對達到目標的意欲高嗎？ h.是否舉行表揚優秀之銷售人員？ i.是否定期實施銷售人員教育？ j.銷售人員的行動是否根據計劃來作？ k.銷售人員是否掌握顧客之實態？ l.銷售人員的水準有無差距？ m.銷售人員的平均年齡是幾歲？ n.有無銷售人員手冊？ o.日報是否確實提出？	
		6.會議	a.銷售會議是否定期召開？ b.是否在銷售會議中進行利潤（利潤中心制度）管理之檢討？ c.有無召開生產銷售與批進的協調會議？ d.會議是否定型？ e.決定事項、檢討事項是否作成記錄？	
		7.據點管理	a.是否實施據點的定期監查？ b.是否實施據點別的業績管理？ c.本公司與據點的連絡溝通是否順暢？ d.業界的人際關係如何？ e.業界的領導企業之特長、成功主因何在？ f.在業界其競爭重點何在？	

大項目	中項目	小項目	查核點	著眼點
III供需分析（限定市場）		1.商圈（銷售圈）	a.商圈範圍的明確化 b.圈內的需求結構和特性 c.新開發市場的質與量（地域、對象業界的擴大） e.商圈的規模、成長力	
		2.需求量	a.圈內總需求和地域別、品種別需求量 b.過去的變遷 c.成長主因、衰退主因	
		3.供應結構	a.競爭對象企業數、分布、供應量供應能力 b.業界地位、市場佔有率和其變遷 c.新加入圈內的可能性	
		4.商品別供需平衡	a.品種別供需平衡如何？ b.品種別需求特性如何？ c.競爭狀況如何？	
		5.用途別、地域別、顧客對象別細分化分析	a.需求結構如何？ b.顧客對分布如何？ c.需求特性如何？ e.競爭狀況如何？ d.市場佔有率如何？	
		6.需求預測	a.需求的成長力、商圈的潛力如何？ b.潛在市場、替代市場的範圍如何？ c.打動需求的基本主因為何？ d.預測之後之需求變化主因？	
IV消費者分析		1.消費財（大眾品） ①消費動向	a.每人、每戶的消費量和變遷？ b.商品別、地域別的普及率 c.於家計消費的地位（價格、量）如何？	

大項目	中項目	小項目	查核點	著眼點
IV消費者分析		1.消費財（大眾品）①消費動向	d.對商品價值觀的變化是多少？ e.消費者需求的變化是多少？	
		②消費結構	a.消費結構的分析 b.確認商品別壽命週期的位置 c.新需求？更換需求？增買需求？	
		③購買型態	a.購買動機之分析 b.選擇重點為何？ c.消費型態、購買形態的分析 d.生活型態（壽命週期、用途）的採用狀況 e.流行狀態、流行程度？	
		④地域特性	a.有無地域固有的消費特性？ b.消費水準（每人消費量、質、普及率）	
		2.工業財（工業品）①消費者動向	a.對象製品的生產量與變遷？ b.對象製品的壽命週期如何？ c.主要消費者和市場佔有率 d.業界變化的方向	
		②消費者使用狀況	a.消費者的使用狀況與其變化的方向 b.消費者的使用單位 c.決定購買的重點為何？	
		③消費者需求技術變化	a.有無使用變更、設計變更？ b.替代競爭材料的可能性 c.依消費者的新產品，其新需求的可能性	
		1.商品結構	a.查核業界、本公司、競爭對象的商品結構 b.商品結構是否適當？是否配合地域？	

大項目	中項目	小項目	查核點	著眼點
IV消費者分析		2.商品力	a.成長力是否超過業界？ b.品牌佔有率如何？ c.邊際利益週轉率如何？ d.價格競爭力如何？ e.銷售重點的差別化如何？ f.抱怨數、退貨狀況如何？	
		3.分析同業其他公司的商品	a.商品政策如何？ b.價格競爭力如何？ c.品質、機能、設計等的競爭力	
VI交易對象製造商分析		1.供應結構	a.製造廠商數（交易對象數）、供應力 b.商品力、服務力如何？ c.製造廠商別的流通路線分析 d.進口商品的動向	
		2.主要製造廠商的動向（交易對象）	a.分析主要製造廠商、交易對象的動向 b.比較主要製造廠商、交易對象的競爭條件	
VII流通路線分析		1.流通路線的現狀分析	a.分析流通路線別的特長與問題點 b.流通管道別縮短化的傾向 c.流通階段別的價格體系、毛利體系 d.同業其他公司流通路線政策的重點	
		2.批發商的實態	a.業者數、規模、經營力 b.分析商品流通的主要批發商路線 c.批發商路線的現狀之問題點 d.ABC分析與市場分布圖	

大項目	中項目	小項目	查核點	著眼點
VII流通路線分析		3.零售店的實態	a.業態別銷售動向是 b.成為對象的零售店數與交易店率 c.ABC分析與市場分布圖	
VIII立地分析		1.商業立地（零售業）	a.掌握立地特性、立地型態 b.掌握商勢圈 c.立地的成長力、變化主因 d.通行量與其特性 e.屬於何種店舖集團？ f.競爭對象的地立勢力 g.立地法規條件為何？ h.地價的動向	
		2.工業立地	a.是否接近消地？原材料的收購方便嗎？ b.能否確保勞動力？ c.有無立地法規條？ d.能確保生產要素？（工業用水、用電等） e.地價的動向	
IX競爭環境分析		1.競爭對象的個別調查	a.企業規模（銷售額、利益、員工、資本額、營業所數、店舖規模） b.商品（商品政策結構、商品力） c.銷售基準（地域、路線、通路） d.營業政策 e.銷售力 f.經營者 g.技術生產力、採購力 h.特長 i.企業形象	

大項目	中項目	小項目	查核點	著眼點
IX 競爭環境分析			j.今後預測 k.判定總合力	
		2.競爭對象調查的總計	a.競爭對象的經營策略為何？ b.競爭對象的優點與弱點為何？ c.自公司與競爭對象比較後的問題點為何？ d.競爭對象攻擊的重點為何？	
		3.本公司的地位	a.根據1的項目	

市場調查環境分析的作業程序

事前調查　　　　　　　　本調查

開始（簽約時）

掌握重點
1.掌握調查公司的實態
2.掌握有關業界的實態

作業內容
1.查核調查公司的資訊與取得資訊
2.查閱本司內部資訊
3.收集外面基本資訊

綜合面談

1.市場需求動向
2.業界動向
3.競爭對象動向

1.調查對象面談（組織、個別）
2.收集分析有關資料
3.調查有關業界團體與業者
4.抽樣調查
5.現場調查
6.調查結果的整理、分類、系統化
7.分析市場佔有率（％）
8.調查競爭對象（包括優勢、劣勢、機會與威脅／SWOT）

市場環境的摘要與本公司擴展的方向

競爭對象調查總括長

項目	著眼點	公司名稱			
		A公司	B公司	C公司	本公司
收益	銷售額、利益				
員工	男人　　　　女人 直接人員　　間接人員				
商品結構	商品名　1　％ 商品名　2　％ 商品名　3　％ ⋮				
顧客對象結構	顧客對象　1　％ 顧客對象　2　％ 顧客對象　3　％ ⋮				
營業政商品政策	a.營業方針　　j.促銷 b.路線　　　　k.品牌 c.據點　　　　l.新商品 d.價格　　　　m.品質 e.毛利　　　　n.銷售形態 f.銷售重點　　o.推銷陣容 g.服務　　　　p.發送 h.商品機能　　q.回收條件 i.折扣				
經營者採購	a.經營能力　b.性格 a.採購對象　b.付款條件 c.採購方針				
技術生產	a.技術力　　b.工業所有權 c.技術陣容　d.設備內容 e.工廠人員　f.記外加工				
公司所面					
臨的問題特徵					
今後之預測					
其他					

第四部

行銷定位策略

8

商品定位策略

　　這是一個企業定與行銷定位的時代。定位（Positioning）在企業商戰中實佔有競爭決勝的重要地位。

　　在這陝隘與劇烈競爭的市場中，企業如何找出一條行銷空間及市場生存空間，唯有賴定位策略的運用與發揮，方能終竟其功。

　　公司所從事的各市場區隔，都必須為其發展一套產品定位策略。若每一種競爭性產品在市場區隔中，都佔有一定地位，則每種產品定位的消費者知覺皆非常重要。所謂「產品定位」（Product Positioning Strategies），係指公司為建立一種適合消費者心目中特定地位的產品，所採行產品設計及行銷組合之活動。

　　「產品定位」這個字眼一九七二年因 Al Ries 及 Jack Trout 而普及，在 Advertising Age 之一系列的文章中，稱為「The Positioning Era」。後來，他們又寫一本「Positioning :The Battle For Your Mind」。Ries 和 Trout 視產品定位為現存產品的一種創造性活動。以下是其定義：

　　「定位首創於產品。一件產品、一項服務、一家公司、一家機構，甚至於是個人……皆可加以定位。但是，定位不是指產品本身，而是指產品在潛在消費者心目中的印象，亦即產品在消費者心目中的地位。」

　　產品定位可能利用產品品牌、價格及包裝上的改變，但這些都是外表的改變，其目的乃在於鞏固該產品在消費者心目中之有價值的地位。因此，他們對於心理的定位（Psychological Positioning）和現有產品的重定位（Repositioning），比對潛在產品的產品定位感興趣。對後者而言，一開始行銷人員就必須發展出 4Ps，以使該產品特性確實能吸引既定的目標市場。產品定位人員對於產品本身及產品印象同樣感興趣。

Ries 和 Trout 在心理定位方面，提供一些明智的忠告。其先由觀察那些包含類似產品，但欲無法在消費者心中獲得任何區別的市場著手。然而，在一個「訊息充斥」的社會中，行銷人員的工作是在建立產品的個性。其主要的論點是，消費者根據心目中一個或多個構面來對產品評等。因此，當消費者考慮那家車出租商提供最多的汽車和服務時，其所評的優先順序為 Hertz, Avis 和 National。此銷售人員的任務是依據某些顯著的購買層面，使產品在消費者的心目中列為第一優先。此乃因為消費者總是記得最好的那一個。例如，每個人都知道林白（Lindbergh）是第一個飛越大西洋的人，幾乎無人知道誰是第二個。而且，消費者也較喜歡購買最好的那一個。

若市場已存有一個強有力的品牌時，則挑戰者有種策略可以採行。其二是採劣勢策略，即自稱：「我們的產品和領導者一樣好或將比它更好」，如同 Avis 在卓越的商戰中，謙稱「我們是第二者，將試圖更加努力。」其二是去發現另一個層面，據此可與領導的品牌區分清楚，不做正面競爭，亦即行銷研究人員在消費者的心目中尋找一個未其他品牌所佔據的空間。因此七嘉汽水（seven-Up）的廣告宣稱自己是非可樂，所以，當消費者一提到非可樂的飲料時，他們首先想到七喜。

行銷定的活動，並不是在產品本身，而是在顧客心，亦即產品定位要「定」在顧客心裡。因此，「產品定位」並不意味著「固定」於一種位置而不會改變。

然而，改變是表現在產品的名稱、價格和包裝上，而不是在產品本身。基本上這是一種表面的有形改變，目的是希望能在顧客的心目中，佔據有的「情有獨鍾」之地位。

因此，行銷定位的法則可歸納為下列各點：

1.在行銷廣告中一再強調產品是「最好的」或「第一的」，並不能改變人們心 根深蒂固的印象，非得有出奇致勝的策略方能奏效。

2.定位的法郎乃強調「產品在顧客心中什麼」，而不是「產品是什麼」。也就是從顧客的眼光和心目中來看產品，而不是從生產者的角度來判斷。

3.最好的策略就是搶先攻下顧客心中的深處，稱坐第一品牌，後來者通常是無法居上的。

4.要找到市場上的「利基」(niche)與生存空間。強調產品「不是什麼」反而比產品「是什麼」更為重要。產品「不怎麼第一」反而比產品「多麼好、多麼第一」來得有效。例如七喜汽水(Seven-Up)就完全否定了在市場上「標榜樂產品」的可口可樂及百事可樂之優勢。搶盡軟性飲料的市場風采。

產品定位新理念（The Creative Concept of Product Positioning）

（創新理念）

1.產品在目標市場上的利基如何？

2.產品在行銷策略中的利潤如何？

3.產品在競爭策略中的優勢如何

```
                    ┌─────────────────────┐
                    │      產品定位         │
                    │ Product Positioning  │
                    └─────────────────────┘
         ┌───────────────────┼───────────────────┐
┌─────────────────┐ ┌─────────────────┐ ┌─────────────────┐
│ 產品在目標市場上  │ │ 產品在行銷策略    │ │ 產品在競爭策略中  │
│     的利基        │ │   中的利潤        │ │     的優勢        │
├─────────────────┤ ├─────────────────┤ ├─────────────────┤
```

產品在目標市場上的利基	產品在行銷策略中的利潤	產品在競爭策略中的優勢
·產品切入市場的機會 Opportunity ·產品是否有劣勢 Weakness？ ·產品生命週期是否改變？	·新產品的行銷利潤如何？ ·產品是否要降價以保持或提高市場佔有率 ·產品是否要立即賺取豐厚的行銷利潤	·產品的競爭市場的優勢 Strength ·產品對競爭者的威脅 Threat 如何？

9

市場定位策略

　　所謂市場定位(Market Positioning)即是在目標市場上找出市場空隙，然後鑽進去填滿，並尋出有利的市場優勢，以籃球卡位的方式，卡住自己有利的位置及卡死競爭者在市場上的位置，使得競爭者在市場競爭中祗無法發揮優勢競爭而只能屈於劣勢。

　　茲將市場定位的有效策略分述如下：

1.產品大小的市場空隙。

2.高價格的市場空隙。

3.低價格的市場空隙。

4.顧客性別的市場空隙

5.包裝的市場空隙

6.顏色的市場空隙

7.品牌的市場空隙

8.服務的市場空隙

9.通路的市場空隙

10.再定位的市場空隙

11.口味的市場空隙

12.用途的市場空隙

13.生活的市場空隙

14.效用的市場空隙

15.獨特的市場空隙

16.否定市場的市場空隙

市場定位的創新理念（The Creative Concept of Market Positioning）

（創新理念）

1.消費者如何看市場上的產品？

2.競爭者如何看市場上的產品？

3.市場如何感覺產品？

第五部

廣告策略實戰

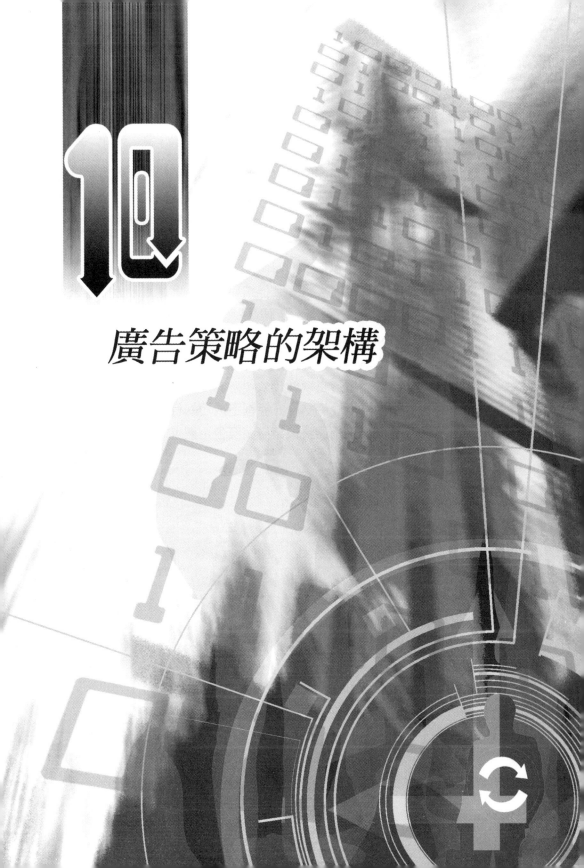

10

廣告策略的架構

　　廣告即是溝通，亦即商品行銷與購置的溝通訊息。就行銷廣告而言，廣告企劃書已成為定位廣告策略不可或缺的重要戰典。廣告企劃書是很正式的戰略報告，同時與行銷戰略有極密切的關係。

　　商品的推廣計畫包括下列四個主要部分：廣告、促銷活動、直效行銷、網路行銷、人員實戰推銷與公關，此即為最近幾年來全 球 最 流 行 的 整 合 行 銷 傳 播 （ Integrated Marketing Communications /IMC）。而廣告策略最重要的環節即是廣告企劃。

　　透過廣告企，廣告主或廣告公司方能推動廣告整體活動。因此，廣告企與廣告活動的結合方能創造成功的行銷潤與行銷市場佔有率，茲將廣告企劃的決策架構與廣告企劃書之流程圖，列表說明如下：

廣告策略的決策架構

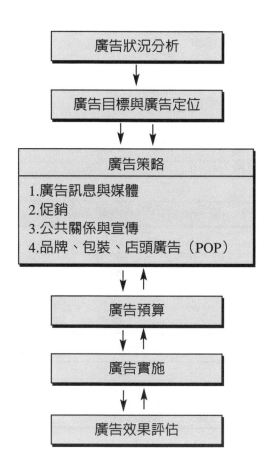

廣告狀況分析

↓

廣告目標與廣告定位

↓

廣告策略

1.廣告訊息與媒體
2.促銷
3.公共關係與宣傳
4.品牌、包裝、店頭廣告（POP）

↓↑

廣告預算

↓↑

廣告實施

↓↑

廣告效果評估

廣告策略作戰流程圖

・參與商品說明會（ORIENTATION）
・確定提案會（PRESENTATION）的內容範圍
・確定提案會日期
・確定提案會場所
・確定提案會參加人員
・確定提案會的討論主題
・確定提案會・確定提案會性質（比稿或單獨）
・行銷目標及策略
・銷售方針
・行銷計畫改變之可能性
・廣告目標
・廣告預算

廣告計畫內容及媒體之運用

提案會
・提案會規模之決定	・費用之預計
・廣告計畫書	・參與人數之選定
・廣告作品	・目的之確認
・提案會之技巧	・進度表之擬訂

資料蒐集
・計畫所需資料之蒐集	・消費者資料
・市場資料	・通路（DISTRIBUTION）資料
・商品資料	・廣告資料

資料整理
・資料分析	・優劣點發掘

商品在市場的地位及在消費者之設定

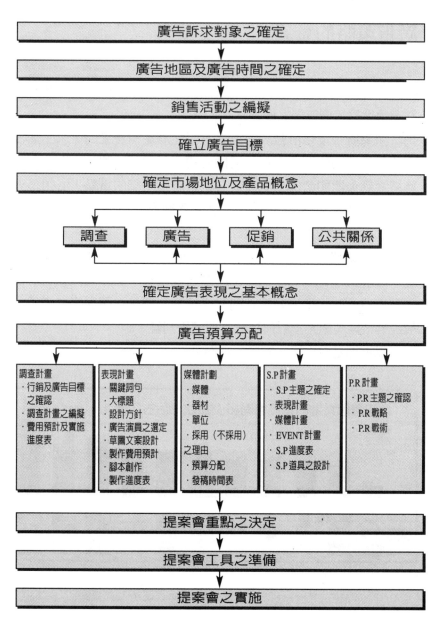

廣告策略的意義

　　廣告策略即是將產品或服務的利益，或問題解決方案的特徵，傳達給目標市場之廣告訊息。

　　如果廣告策略所強調的重點，不能滿足消費者的需求，無法解決消費者的問題，或無法提供消費者所期望的利益，則此廣告終將遭到失敗的命運。此外，廣告策略所強調的重點，必須是對消費者很重要的要點，而不是對生意廠商或廣告主很重要的事項。

　　廣告策略必須清楚，完整無瑕，並且能夠提供利益給消費者，或解決消費者的問題。例如廣告洗髮精，必須強調如何解決顧客的白頭髮、髮質乾裂及開叉等煩惱問題，並讓顧客知道用此種洗髮精能使顧客獲致何種效益或使用利益。

　　以下即是廣告策略的成功實例：

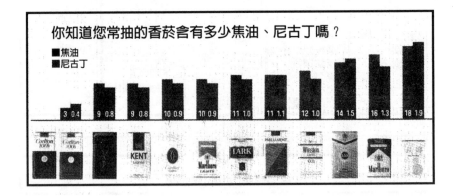

　　上面這則廣告所採用的廣告策略完全在教育消費者的香菸知識與對身體健康有影響的警告意識，完全站在消費者的立場來考慮如何解決抽菸者所煩惱及擔心的焦油與尼古丁含量，以免肺部或身體其他器官受損。

　　經由上列的統計數據，抽菸者所選用的香菸品牌即為焦油與尼古丁含量最少的品牌而達到廣告策略的效果。

擬訂廣告策略的步驟

廣告策略綱要
1.確認產品或服務　　　　3.USP／定位／辨識
2.確認目標市場　　　　　4.額外銷售重點
　‧地理區域　　　　　　5.方法
　‧人口資料　　　　　　6.確認廣告目標
　‧媒體型態
　‧購買／使用型態

1.步驟一：徹底瞭解並計畫欲廣告的產品或服務。

2.步驟二：確認並定位目標市場，亦即廣告訊息的訴求對象。

3.步驟三：是廣告策略的精髓，即是「獨特的推銷見解」USP的感性定位。

4.步驟四：額外銷售重點可支持及強化廣告策略為針對單一目標的訴求定位。

5.步驟五：表現廣告策略的技巧及方法。技巧就是將廣告訊息做最佳表達的方法與語氣。例如配樂、消音。

6.步驟六：使廣告策略與所設定的廣告目標產生直接關係，
亦即以傳播效果(Communication Effects)測定廣告效果。正
確說明廣告策略及訊息如何達致廣告目標才是測定廣告效
果的最佳方法，因為絕大多數廣告目標都是直接測定廣告
策略中所傳播之廣告訊息的效果。

創意廣實例

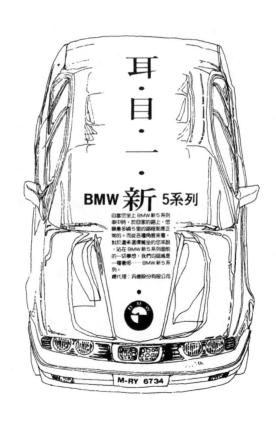

　　此個案實例以簡明的方案與插將商品（汽車）定位得非常明確。而且文案企劃的創意與表現調性都很能抓住消費者的注意力。因此，此則平面廣告的推出即造成銷售業績的提升。

廣告策略的內容

　　在創作廣告策略時，廣告企劃人應考慮到一套完整的廣告策略，必須包括下列四個基本要素：

1.廣告策略必須能提供消費者的利益，或解決消費者的問題。
2.廣告策略所提供之利益或所承諾的問題解決方案，必須是消費者所需要或所期待的。
3.商品品牌名稱必須和所提供的利益，或問題的解決方案緊密的結合在一起。
4.廣告策略所提供的利益或問題的解決方案，必須可以透過媒體廣告，傳達給消費者。

廣告再定位策略（Re-Positioning Strategies）

　　廣告再定位策略的目的在重新找出已有目標市場的洞隙；或重新找出目標市場或乾脆否定原有目標市場的競爭態勢。

　　國際牌 VHS 錄於影機以「別人二小時，我們四小時」的廣告訊息重新再定位新力牌 Beta 系統；可口可樂以「擋不住的感覺」重新再定位可樂市場中百事可樂的「新生代的選擇」；司迪麥口香糖以零售價九元重新再定位口香糖的市場而開創另一新局面。

廣告創作的工作計畫（Advertising Creative Work Plan）

1.商品資料（Key Fact）

2.廣告需要解決的難題（Problem The Advertising Must Solve）

　・問題點（Problem）

　・機會點（Opportunities）

3.確定廣告目標（Advertising Objective）

4.創造性廣告策略（Creative Advertising Strategy）

　・目標對象（Prospect Definition）

　・主要競爭對手（Principal Competitor）

　・對消費者的承諾（Promise）

　・廣告提供的理由（Reason Why）

茲將廣告創作計畫實戰表格詳列如下

Ads Creative Work Plan

廣告創作工作計畫				
NO	主題	年　月　日	部門	企劃人 許長田
商品資料				
廣告需要解決的難題	・問題點			
	・機會點			
廣告目標				
創造性廣告策略	・目標對象		・主要競爭對手	
	・對消費者的承諾		・廣告提供的理由	

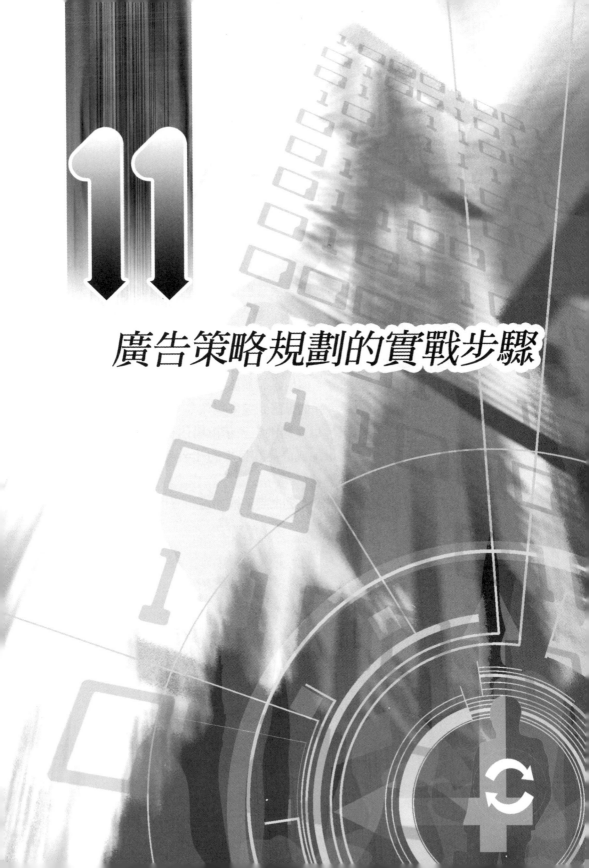

11

廣告策略規劃的實戰步驟

廣告策略規劃的實戰步驟包括下列各項：

一、確立廣告目標：以具體數字表示。例如市場佔有率提升
　　二十％。

二、編列廣告預算：廣告預算以個別廣告活動所需費用、總
　　數加成。

三、傳達廣告訊息：以廣告表現與創意傳達廣告訴求點。

四、慎選廣告媒體：選擇廣告媒體如電視、報紙、雜誌、廣
　　播。

五、媒體計畫：媒體計畫的戰略與整合。

六、媒體策略與進度：運用媒體並擬訂媒體進度表。

七、評估媒體效果：評估媒體到達率與頻率。

八、評估廣告效果：以具體數字表示市場佔有率提升、銷售
　　業績或銷售額增加或商品在目場的知名度與認知率提高
　　等。

茲將廣告企劃的實戰步驟之企劃架構列述如下：

廣告企劃的實戰步驟

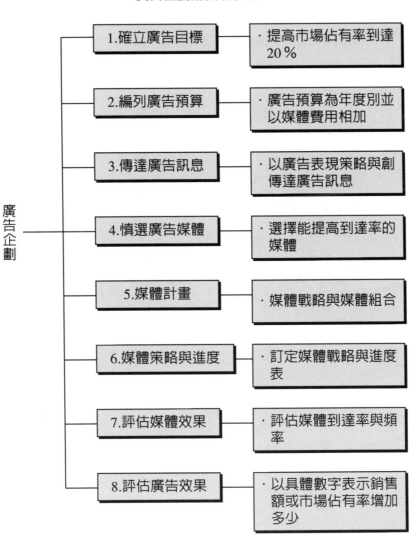

廣告企劃

1.確立廣告目標	·提高市場佔有率到達20％
2.編列廣告預算	·廣告預算為年度別並以媒體費用相加
3.傳達廣告訊息	·以廣告表現策略與創傳達廣告訊息
4.慎選廣告媒體	·選擇能提高到達率的媒體
5.媒體計畫	·媒體戰略與媒體組合
6.媒體策略與進度	·訂定媒體戰略與進度表
7.評估媒體效果	·評估媒體到達率與頻率
8.評估廣告效果	·以具體數字表示銷售額或市場佔有率增加多少

廣告企劃實戰內容

在廣告活動中，廣告企劃的領域，總離不開行銷企劃的範疇。因為廣告策略與廣告目標一定要與行銷策略及行銷目標一致。

因此，廣告企劃應涵蓋下列步驟與內容：

- ・情境分析
  廣告問題點
  廣告機會點
- ・主要廣告策略決策
  廣告目標
  目標客層
  商品競爭優勢
  商品個性
  商品定位

- ・創意計劃
- ・媒體計劃
- ・促銷計劃
  銷售促進活動
  公共關係活動
- ・廣告預算
- ・廣告效果評估

廣告企劃的決策架構

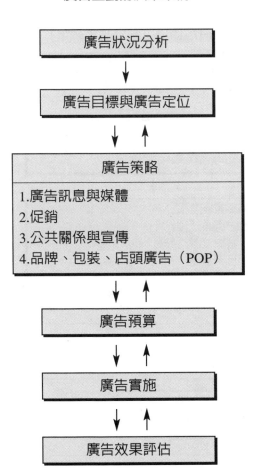

廣告企劃書個案實例

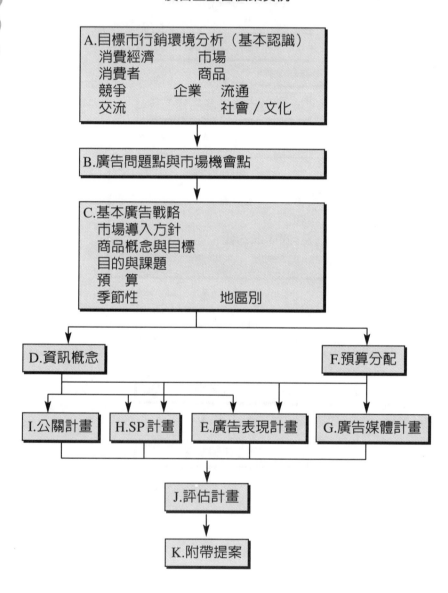

A.目標市行銷環境分析（基本認識）
　消費經濟　　　市場
　消費者　　　　商品
　競爭　　企業　流通
　交流　　　　　社會／文化

B.廣告問題點與市場機會點

C.基本廣告戰略
　市場導入方針
　商品概念與目標
　目的與課題
　預　算
　季節性　　　　　地區別

D.資訊概念　　　　　F.預算分配

I.公關計畫　H.SP計畫　E.廣告表現計畫　G.廣告媒體計畫

J.評估計畫

K.附帶提案

廣告企劃的實戰循環系統

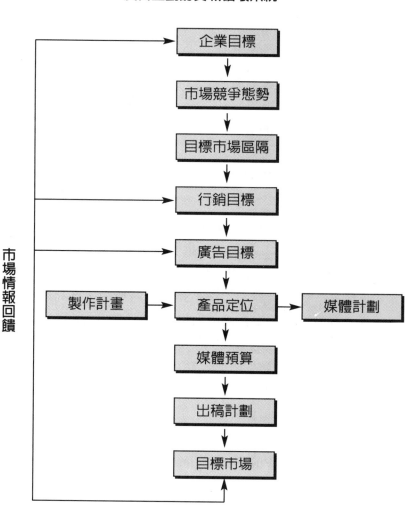

廣告活動的推式戰略與拉式戰略

　　推廣戰略大致可分爲推式戰略（Push Strategies）、拉式戰略（Pull Strategies）及綜合戰略（Combination Strategies）三種類型。

　　茲分別詳細說明如下：

（一）推式戰略（Push Strategies）

　　所謂推式戰略，係指企業並不致力於進軍廣告攻勢，而寧可經由人員實戰推銷，由製造商→批發商→零售商→消費者之行銷通路來行銷產品。換句話說，也就是將其行銷利基置於人員實戰推銷的戰略，經由推銷人（Top Sales）將產品「推」銷（Push Selling）到最終消費者手中，以便使最終消費者（End User/End Consumer）或最後使用者接受產品的一種戰略。

　　以下即爲推廣戰略的兩大戰力架構圖：

　　藉著「推」力以促銷產品，並以「軟性推銷」（Soft Selling）技巧達到成功推銷的目標。

（二）拉式戰略（Pull Strategies）

　　所謂拉式戰略又稱「拉銷戰略」，即藉著「拉」力，將消費者拉向產品，使消費者具主動而願意注意產品，並使其產生對產品的強烈印象。進而由認知產品、肯定產品而達到指名購買產品的目的。

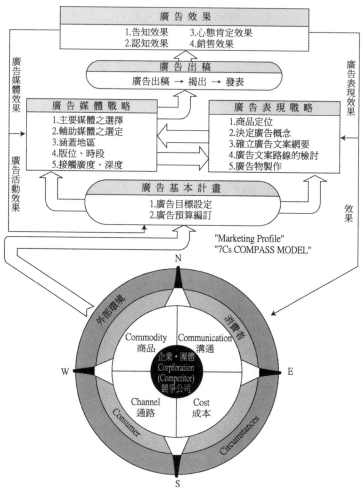

資料來源：廣告理論與戰略《Advertising Theory And Strategies 》，
　　　　　清水公一著，許長田　教授修訂，亞太，p.143 。

推廣戰略的兩大戰力

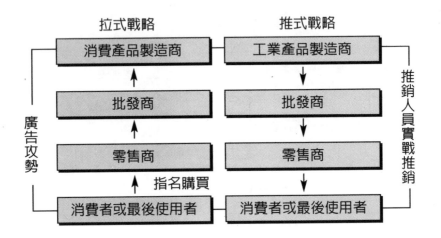

欲達到「推」銷商品的效果,必須有積極思想與推銷戰力。因此,我們可以說:「推銷不是問題,沒有積極思想積極行動才是問題。」(Nobody has a salesproblem, they only have idea-action problem.)

欲達成「拉」銷商品的效果,必須藉著媒體大量作廣告與促銷活動。例如電視、收音機、報章雜誌所常見的廣告,就是希望達到「拉」顧客去買及引誘顧客自動來買的促銷方式。其促銷影響力(促銷力)是一種相當有效的拉銷戰力。

現在將廣告戰力所影響的商品物流系統述如下表:

廣告戰力的物流系統

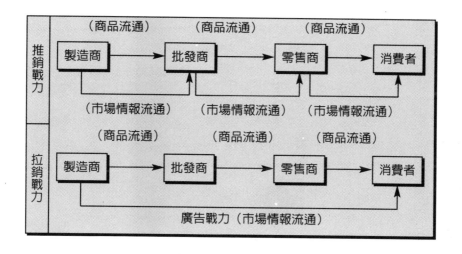

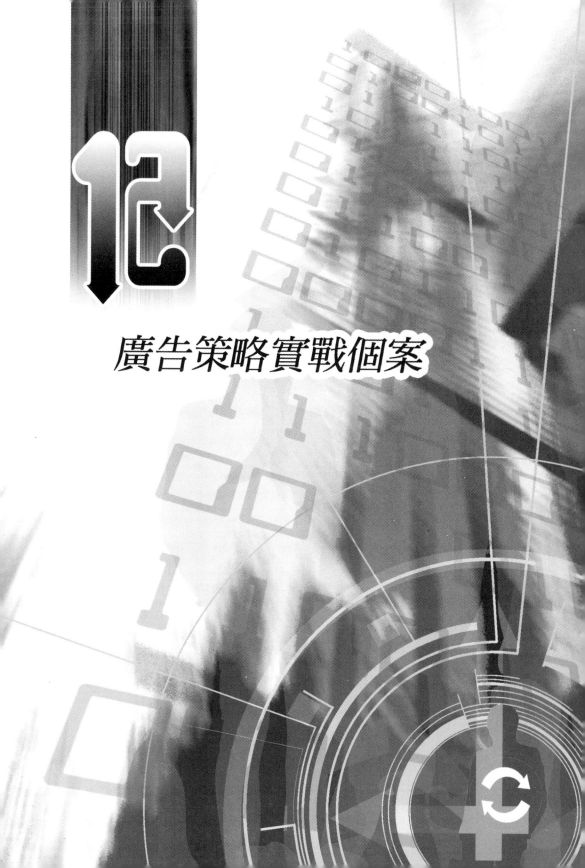

12

廣告策略實戰個案

廣告企劃書的內容應包括下列步驟：

企劃：

創意指導：

Ａ・Ｄ：

市調：

目錄

一、前言（引言）

二、行銷研究與市場分析

三、市場競爭態勢

四、消費者研究

五、產品問點與機會點

六、切入市場的策略

七、商品定位

八、行銷定位策略

九、創意方向與廣告策略

十、廣告表現

　　・ＣＦ腳本

　　・文案企劃

十一、媒體策略

十二、廣告預算分配

十三、廣告效果測定

創意概念表個案實例

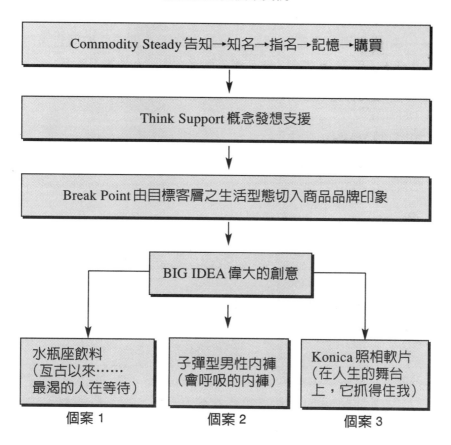

個案研究

如何應用廣告策略綱要，擬訂完整而具創造性的廣告策略（創意廣告策略）。實例　香菸廣告個案實例（女性專用香菸）

1.商品定位
・智慧、浪漫、個性化
・思考型的氣質香菸，成熟嫵媚涼菸
2.目標市場（廣告訴求目標對象）
・女性
・25～45歲
・所得（月薪）ＮＴ3000～45000
(1)地理區域
・以國內市場最大的台北市、台中市、高雄市之市場區隔為市場切入機會
・台北市東區、西區、北區為主要市場
(2)人口資料
・國內人口的女性市場
・上班族、職業單身貴族
(3)個人特徵
・成熟女性　　・教育程度高　　・自我意識高 ・個性獨立　　・浪漫形象　　・工作及精神壓力大
(4)媒體類型
・女性專業雜誌　　・POP廣告刊物　　・時報週刊 ・車體內、外廣告　・民生報　　　　・售票亭

(5)購買／使用類型　‧著重品味、個人氣質、價值

3.獨特推銷見解ＵＳＰ

　‧銷售香菸的主要目的在取得顧客心裡的認同感與自我個性的表現。

　‧能顯出成熟女性、自信與魅力的一面。

4.額外推銷要點

　‧不只強調抽菸而已，尚注重拿菸、點菸的整體個性與格調

　‧定位於嫵媚、成熟、智慧、自信的市場利基

5.廣告訊息表現技巧

　‧感性的商品訴求

　‧成熟性感的消費訴求

　‧性訴求

6.廣告目標

　‧廣告目標乃依據行銷目標與行銷策略而擬訂，應以數據具體表示。

　‧提高未使用者對本商品的認知率達到95％

麥斯威國際行銷研究中心

企劃人：許長田

廣告計劃個案實例大公開

廣告商品：會呼吸的褲襪（女性專用）

行銷目標	★以具體數字計劃表示
	「年市行銷量萬500雙，較前一年度成長30％」
	「市場佔有率，由前一年度的25％提高至40％」
行銷策略	★行銷策略為達成行銷目標所運用的具體方案，主要為行銷組合4P策略
	·商品包裝，應更具「個性化」與「浪漫的感覺」。
	·降價5％為時一個月，以刺激市場佔有率提昇15％
	·增加行銷通路→直銷系統、強化物流舖貨作戰力
	·於母親節前後二星期密集ＴＶ、報紙、雜誌等媒體廣告
	·於雙十節舉辦商品發表會及促銷活動
廣告目標	★廣告目標是依據行銷目標與行銷策略而設定。
	「廣告訴求對象為16～40歲的女性」
	「提高未使用者對商品的認知率達到90％」
廣告策略	★廣告策略為廣告計畫的核心，以市場分析、商品分析及消費者分析，做為廣告策略擬訂的工具，再找出廣告機會點與問題點
	市場分析　　商品分析　　消費者分析

廣告問題點與機會點	·問題點　　　　　　　　　　　　·機會點	
媒體計畫	★媒體計畫是根據媒體發行量（收視率）、媒體到達率，以及媒體接觸者的特性等資料所擬訂。其內容由媒體選用分析表與媒體出稿進度時間表(Schedule)組成。 ★廣告表現計畫是根據購買決策者的特性，商品特性、及消費者對商品的需求心態等資料擬訂，其主要作用在引導廣告表現所應遵循的方面。	

　　廣告定位策略是研究思考如何各種激烈的市場競爭態勢中，將商品或服務打入消費者的心中以便佔有一席之地與份量。例如汽車是否將它定位爲BENZ（尊貴品味定位）或積架車系（拉風帥氣定位）；其廣告表現即採用不同的方式。又例如嬰兒奶粉，是否定位成轉奶用的或是防止腹瀉用的；口香糖是否定位成運動臉部按摩或是使口氣芳香……等。這些都是廣告定位必須考慮清楚的。如果沒有如此下功夫，公司的產品如何在激烈及激變的市場競爭態勢中求生存及脫穎而出？

　　正確的廣告定位策略，能賦予商品或服務一個特殊的個性或形象，使它深印在消費者心中牢不可破，並可以在擁擠的商品市

場與疲勞轟炸的廣告訊息中找出一條市場夾縫，重新定位整個市場競爭態勢，而再創另一新市場的高峰。

廣告定位的活動，並不是定位在所廣告的商品本身，而是定位在顧客心裡。亦即商品定位要「定」在顧客心中。因此，「商品定位」並不意味著「固定」於一種位置而不會改變。

然而，改變且表現在商品的名稱、價格和包裝上，而不是在商品本身。基本上這是一種表面的有形改變，其目的是希望能在顧客的心目中，佔據有利的「情有獨鍾」之地位。

因此，在廣告定位時，應注意下列各點定位策略的法則。

(1)在廣告活動中一再強調商品是「第一的」或「最好的」，並不能改變顧客心中根深蒂固的商品印象，非得有出奇致勝的定位策略方能奏效。

(2)定位策略的法則乃強調「商品在顧客的心中是什麼份量」，而不是「只強調商品是什麼，有多棒」。亦即定位是從顧客的眼光和心目中來看商品，而不是從商品行銷廣告的角度來衡量。

(3)最好的定位策略就是搶先攻下顧客心中的深處，穩坐第一品牌，後來者通常是無法居上的。要讓顧客對廣告的商品有先入為主的印象與觀念，才能領導目標市場。

(4)要找到市場上的「商品利基」(Merchandise Niche)與生存空間，有時候商品「不是什麼」反而比商品「是什麼」更為重要。商品「不怎麼第一」反而比商品「多麼棒、多麼第一」來得有效。例如七喜汽水(Seven-Up)以非可樂的廣告定位就完全否定了在市場上「標榜可樂商品」的可口可樂與百事可樂的市場優勢，而重新掌握住市場競爭態勢的

不敗利基，搶盡軟性飲料及碳酸飲料雙重市場的佔有率。

如何擬訂廣告計畫

　　所謂廣告計畫(Advertising Program; Advertising Plan)是指用以達成廣告總目的之各項計畫。由於廣告是一種運用人員實戰推銷以外的傳播媒體做為傳達商品訊息的溝通媒介。因此，在訊息溝通的理念上，廣告計畫應由下列各項組成。

　　‧廣告目標
　　‧廣告對象
　　‧廣告媒體
　　‧廣告表現

　　由於廣告計畫是行銷計畫的一項重要的環節。因此，在擬訂廣告計畫時更應將行銷目標與行銷策略兩大要素列入一併製作。下列即為擴大範圍後的廣告計畫實戰內容：

　　‧設定行銷目標
　　‧擬訂行銷策略
　　‧設定廣告目標
　　‧擬訂廣告策略
　　‧擬訂媒體計畫
　　‧擬訂廣告表現計畫

廣告計劃矩陣（Advertising Plan Matrix）

計劃廣告／市場	1.切入廣告 定位策略 Positioning Strategies	2.目標市場之競爭態勢 競爭態勢 Competitive Situation	3.掌握市場變動 市場情報 Market Information
行銷目標			
行銷策略			
廣告目標			
廣告策略			
媒體計劃			
廣告表現			

廣告企劃案之企劃架構

一、商品介紹說明會內容之確認

· 主題
· 商品名稱

1.以往行銷策略之評估

- ‧產品品質 ‧經銷網與經梢商輔導
- ‧價格 ‧商品定位
- ‧行銷通路 ‧廣告策略
- ‧銷售管理 ‧廣告促銷與公關

2.前期廣告計畫之檢討

- ‧廣告目標 ‧媒體計劃
- ‧創意綱要 ‧廣告效果評估
- ‧廣告預算 ‧廣告表現策略
- ‧廣告訴求對象

3.商品分析

- ‧商品屬性客觀分析：基本商品功能、價格、商品生命週期、商品替代性
- ‧商品屬性主觀分析：消費者的理想商品、消費市場之商品效益與解決消費者困擾問題的商品特性。

4.消費者分析

- ‧消費者特性 ‧消費者消費習性
- ‧消費者行為 ‧消費者動機
- ‧消費者心理 ‧瞭解消費者的心，分析消費者在想什麼？需要什麼？

5.市場分析（全國性市場、區域性市場、季節性市場）
- 市場規模：以數字（數量或金額）明確表示目前市場規模與未來市場規模
- 市場佔有率：以數字或百分比明確表示目前市場佔有率與未來預計達到之市場佔有率
- 市場條件：社會性、流行性與法律性等。
- 物流：市場空隙、舖貨到達率、商品陳列佔有率、商品回轉率。

6.環境分析
- 競爭品牌分析　　　　　　・相容性商品分析
- 競爭態勢分析　　　　　　・商品之衝擊分析
- 商品與市場變動趨勢分析

7.企業分析
- 企業經營戰略　　　　　　・企業經營理念
- 企業文化與企畫形象　　　・商品在公司中的定位
- 企業定位

8.行銷（MARKETING）變數效率分析
- 商品化與商品力　　　　　・廣告、促銷、公關
- 品質與商品生命週期　　　・人員實戰推銷
- 價格　　　　　　　　　　・服務
- 通路　　　　　　　　　　・物流與實體分配
- 銷售戰力　　　　　　　　・經銷網之建立與經銷商輔導

二、問題點與機會點

- ‧戰略上之問題點
- ‧利益機會之變化

三、廣告戰略

1.廣告目標

- ‧廣告目標層次之設定（包括知名度、理解度、購買意圖）
- ‧廣告目標值的設定(%)以多少百分比表示

2.廣告訴求對象之設定

- ‧廣告目標對象：消費者、中間商、影響商、經銷商
- ‧第二訴求對象之特性
- ‧第一次訴求對象之特性　　‧廣告媒體接觸概況

3.廣告時間與廣告地區

- ‧CAMPAIGN 廣告活動之期間
- ‧CAMPAIGN 廣告活動之地區

4.廣告預算

- ‧預算總額　　　　　　‧廣告地區別預算分配
- ‧媒體及製作費預算　　‧廣告期間別預算分配

5.廣告表現戰略

‧商品定位：商品訴求點、商品特性、商品訂價、商品的實用性與效益

‧CAMPAIGN 廣告活動之基本方針

(1)所要傳達之商品特性

(2)表現調性

‧傳達方法

‧所選用之廣告媒體的特性

6.媒體戰略

‧媒體目標之設定（媒體別到達率、普及率及重複收視率之調查）

‧電視、廣播、報紙、雜誌四大媒體的組合策略

‧VEHICLE 之選定與選用之理由

‧媒體單位（MEDIA UNIT）之選定

‧發稿次數計畫（VEHICLE 別、媒體單位別、淨媒體費用）

‧發稿進度表

7. 廣告管理

‧廣告活動的組織

‧廣告活動的協調

(1)廣告製作流程

(2)媒體計畫與媒體流程

‧廣告活動的管制

(1)廣告計畫預算：製作、媒體、管理、控制、追縱

(2)廣告效果測定：

　　a.銷售成長（業績增進與營業額提升）

　　b.預期行銷目標對象增加

　　c.顧客對商品認知度與接受度增加

　　d.商品形象與商品知名度提高

　　e.市場佔有率顯著提升

　　f.市場定位確立穩固

13

廣告定位與廣告創意

廣告企業源自「創意」（Big Idea）的發揮。因此，當廣告人在創作廣告時，必須先確定產品在顧客生活中的特殊定位（Positioning）。這個「定位」是潛意識的心理訴求，存在於顧客的思想領域中。任何產品都可藉下列三種不同的「定位」策略，以達到抓住顧客心中的地位與份量。

（一）產品對顧客的用途與需要的滿足。

（二）該產品與其他同類產品做比較。

（三）顧客使用後產生感情上的滿足。

廣告定位的致勝策略即是採取「穿洞策略」或「找洞策略」（Gapping Strategies），亦即從消費者的心中找出縫隙來，然後鑽進去填滿。其最重要的定位理念為：(1)別人沒有，我有；(2)別人不做，我做；(3)別人做不到，我做得到。

廣告定位作戰圖

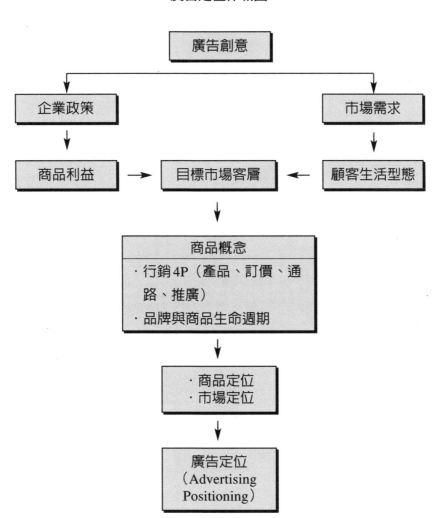

第六部

廣告媒體戰略

14

媒體戰略的流程
與媒體計劃

　　由於廣告媒體分析投資的報酬效益頗為理想，媒體策略對整體廣告策略的成功與否，具有決定性的影響。此外，更因廣告媒體效率的提升，顯示對於不是該產品或服務內容的潛在消費者而言，愈來愈不想看到那些引不起他們興趣的廣告，因此，媒體戰略使媒體讀者或視聽群可節省時間，每一塊錢的廣告投資傳達給了更多人。

　　因此，媒體本身的多選擇性取代了曾經普遍受考慮的因素；亦即閱聽者規模的大小，對於那些沒興趣的以及非潛在消費者所要的廣告訊息將會減少。

　　茲將媒體計劃與媒體戰略流程以圖示說明如下：

媒體計劃與媒體戰略流程圖

```
        ┌─────────────────┐
        │    媒體計劃      │
        └─────────────────┘
                 │
                 ▼
┌───────────────────────────────────────────┐
│              媒體戰略                       │
│  1.目標群（Target Group）                   │
│  2.目標市場（Target Market）                │
│  3.閱聽者素質                               │
│  4.閱聽者層之範圍（Audience Dimension）     │
│  5.時機                                     │
│  6.連續性                                   │
│  7.遇發事件                                 │
│  8.媒體比較                                 │
│  9.媒體型式的使用                           │
│  10.媒體比重                                │
├───────────────────────────────────────────┤
│  媒體選擇                                   │
└───────────────────────────────────────────┘
                 │
                 ▼
        ┌─────────────────┐
        │    媒體執行      │
        └─────────────────┘
```

媒體計劃之實戰架構

一、概要（目錄）
二、市場研究分析　　・消費者分析 　・產品分析　　・競爭者分析 　・市場分析
三、市場競爭態勢分析
四、目標設定　　　・廣告目標 　・行銷目標　　・媒體目標
五、媒體預算確定
六、媒體訴求對象 　・（市場訴求點）市場輪廓 　・（消費者訴求點）消費者輪廓
七、媒體選擇　　　・媒體工具 　・媒體型式　　・媒體單位（Units）
八、媒體預算方配
九、廣告播出計劃或進度表
十、偶發事件計劃

企劃架構

市場分析	產品分析	消費者分析	競爭分析

品牌	廣告表現策略	問題點與機會點	媒體計劃
A			
B			
C			
D			
E			
F			

廣告媒體計劃流程圖

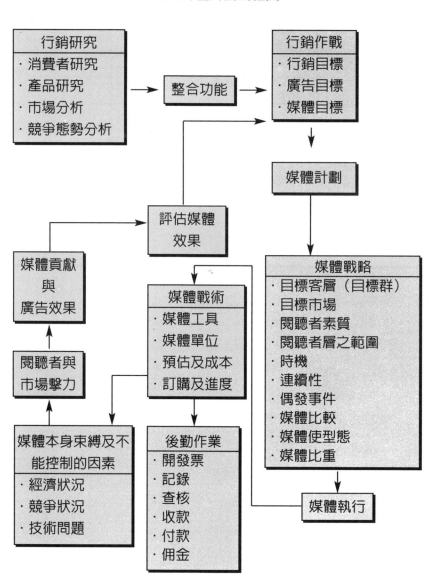

廣告媒體特性分析企劃表格

	特性	優勢	劣勢
電視			
報紙			
雜誌			
廣播			
DM郵寄信函			
戶外看板廣告			
車廂內外廣			
店頭廣告POP			

15

媒體計劃實戰個案

主題：（化妝品實例）

國內化妝品廣告媒體計劃

一、概要

　　九〇年代是屬於市場激烈變動的年代，在資源日漸短缺、生活空間日趨狹小但生活步調卻日益急促的環境下，各種產業也有急遽的變化。因此，「輕、薄、短、小」的商品特性便成了九〇年代的消費產物。

　　從到處充斥的暢銷商品，如隨身聽、個人電腦、掌上型電視遊樂器、膝上型電腦、筆本型電腦、掌上型行動電話、口袋型行動電話等的日益風行和備受喜，即可以感覺到這個漸流的脈動．

　　國內化妝品業，也邁進了「輕、薄、短、小」的時代。

　　這幾年來，國內的化妝品業也感受到自由化、國際化政策的衝擊。外國外牌滲透國內市場，進口關稅下降，國內五大綜合化妝品品牌（資生堂、蜜絲佛陀、佳麗寶、奇士美、美爽爽）等為了加強本身之市場競爭戰力，都全心致力於求，新求，企劃出奇致勝的行銷策略。

　　其中，最明顯的改變就是「通路革命」。以往五大化妝品品牌的化妝品市場行銷通路都是採取保守的專櫃經營方式，但現在都相繼採取跨線經營的行銷策略。例如蜜絲佛陀、資生堂也都設立大型的美容流行中心與半開放式專櫃。美爽爽化妝品更引進法國

第一品牌「伊芙若雪」(Yves Rocher)，則採取直銷(Direct Marketing)與設立專業美容沙龍的行銷通路網。

二、市場研究分析

產品分析

　　化妝品市場在國內是一個大市場，開發潛力極高。尤其保養、護膚系列產品，市場潛力更大。

　　雖然受消費者消費習性、品牌忠誠度及消費廣告資訊的影響，而不斷提高品質。然而，根據市場調查結果，仍然有相當大的競爭利益與潛在市場。因此產品應走上特殊定位才能找到市場利基與市場發展的空間。

　　國內化妝品市場品牌眾多，如蜜絲佛陀、資生堂、佳麗寶、POLA、CROCODILE、碧倩、蘭蔻、雅聞、高絲、美爽爽、奇士美、ＣＤ、姿丹妮、香奈爾……等，不一而足。而且各品牌皆有屬於自己品牌忠誠度的消費者，但游離顧客及品牌忠誠度不高的消費者亦不在少數，整體而言，市場空間仍屬樂觀。因此，市場經營策略仍可採取定位行銷的策略來求取市場利基與切入市場的機會點。

消費者分析

　　(1)年齡層16～50歲的女性，尤其以職業婦女、學生族、家庭主婦為典型，但仍以職業婦女居多。

　　(2)都市生活者（生活人型的消費者）

　　(3)具現代生活感覺者。

　　(4)自我個性追求者與表現者。

(5)十分重視社交圈的標準，且自信心強。

(6)注重生活品質，強調品味、精緻、休閒、個性美。

消費行為分析

(1)購買理由：有專業用法的特色，新品牌、價格合宜，高品味。

(2)購買行為：百貨公司專櫃介紹、ＴＶ電視廣告資訊、ＤＭ、報紙、專業雜誌媒體、同事、同學、朋友的體驗證明推薦及美容院、美容沙龍介紹推銷。

(3)使用方式：使用同一品牌系列或兩種、兩種以上品牌交互使用；亦即同時擁有多種化妝品品牌搭配服飾、髮型或出入場所而交替使用。

(4)品牌忠誠度：各品牌均有目標客層。化妝品屬關心度較高的商品，需常提起品牌印象，否則將使消費者產生懷疑所使用的化妝品是否為最好的或最新的，而產生對品牌記憶與興趣衰退，終將淡忘品牌。

三、競爭態勢分析

就化妝品市場而言，系列化的產品定位是必然的市場趨勢。

價格定位於中等價位與名牌或名知度較高的商品，其市場佔有率較大。

市場上已有高絲、CROCODILE 走直銷通路而成功的切入市場。因此，直銷已成為繼化妝品的專櫃、沙龍後更白熱化的通路戰。

問題點

1. 化妝品屬於高資訊化的商品，使用者需要強烈知名度的品牌。
2. 許多商品包裝雖精緻，但尚無獨特吸引消費者的商品定位形象(Product Catch)。
3. 同級化妝品很多，市場重疊常造成更激烈的競爭態勢。

機點

1. 可藉國人嚮往自然的心理為訴求點，切入由天然美容因子的市場，強滲入皮膚第二層、護膚、保養、美容化妝品多效合一的商品定位。
2. 化妝品市場於最近幾年競爭特別激烈，各大百貨公司一樓賣場已成為化妝品的行銷戰場，市場擴大後，有許多新興消者等待新商品的切入。
3. 系列產品一次購買，可全套享受化妝品保養「美」的品味。
4. 鞏固各賣點之商品資訊並將公司化妝品普及化。

四、目標設定

行銷目標

年度行銷目標達到市場佔有率 22 ％並走市場利基者的定位路線。

廣告目標

1. 以期待利用既定的廣告預算，創造最有效的廣告。

廣告預算　年營業收入NT\$二億五千萬元，廣告費用佔營額的３％，總廣告預算七千五百萬元。

2.廣告預算七千五百萬元使用一年，而必須選擇最能有效到達目標市場的媒體。

3.廣告必須在顧客購買行動推出活動，亦即廣告必須及時安排使顧客在媒體計畫推出時，能在目標市場中創造知名度。

4.印刷媒體廣告必須附有回函贈品或試用樣品，有關化妝品的流行訊息必須要能傳到目標市場，若沒有回函是不可能有效地提供此一訊息。

5.第一期廣告目標必須達成商品認知率90％以上，同時，市場滲透必須定位於「個性美」的商品訴求。

媒體目標

1.以期待成預訂媒體到達率的目標，此項目標可藉由選用最能有效地傳達目標閱聽者的媒體，且以交互運用的方式來安排媒體的使用。

2.在廣告預算七千五百萬元的情況下，預訂一年內的媒體到達人數將為一千二百萬人數，收視率為95％。

五、媒體預算

1.CF（Commercial Film）

　　‧CF製作費預計200元

　　　20" 2支　80萬元

　　　30" 2支　120萬元

　　‧CF廣告費

　　　台視　2000萬／年

　　　中視　2000萬／年

　　　華視　2000萬／年

2.雜誌預算萬元

　　‧黛雜誌　200萬

　　‧婦女雜誌　200萬

　　‧儂儂雜誌　200萬

　　‧錢雜誌　200萬

3.報紙預算500萬元

　　‧民生報

　　‧聯合報

　　‧中國時報

六、媒體訴求對象

市場訴求點

　　1.強調高級品與愛美運動之普及價格。

　　2.對於職業婦女（上班族）、單身貴族的購買訴求做機動性並
　　　有計畫的直銷售，加強公關PR活動。例如傳播界、新聞稿
　　　宣傳、報紙、雜誌、記者招待會及化娖秀等活動。

　　3.舉辦特消費對象的促銷SP活動（Sales Promotion
　　　Campaign），全面提高品牌出現頻率（如到各百貨公司、流
　　　行商品專櫃、服飾專櫃美容沙龍、或護膚中心詢問是否有

媒體預算分配表

預算 月份	媒體預算分配表	
第一個月	台視、中視、華視三台總共	600萬元
第二個月	台視、中視、華視三台總共	600萬元
第三個月	台視、中視、華視三台總共	550萬元
第四個月	台視、中視、華視三台總共	500萬元
第五個月	台視、中視、華視三台總共	500萬元
第六個月	台視、中視、華視三台總共	450萬元
第七個月	台視、中視、華視三台總共	400萬元
第八個月	台視、中視、華視三台總共	200萬元
第九個月	台視、中視、華視三台總共	300萬元
第十個月	台視、中視、華視三台總共	600萬元
第十一個月	台視、中視、華視三台總共	650萬元
第十二個月	台視、中視、華視三台總共	650萬元
總計		6000萬元／年

本產品或到美容院及美容沙龍洗頭、做臉及保養時順口指定要本公司品牌的化妝品）。這招策略往往能使賣點通路的零售店考慮進貨本公司產品。

4.保障銷售賣點的利潤，使其有意願進貨。

5.建迤美容會制度，直接傳播最新美容訊息。

消費者訴求點

　　由市場區隔方法，可將商品區隔為保養系列、少女系列及彩妝系列等分別述求主目標市場的消費者。少女系列訴求對象為16

～28歲女性消費者，保養系列訴求對爲23～50歲女性消費者，彩妝系列訴求對爲25～35歲上班族職業女性消費，其中有部份市場的消費者可能會同時購買保養系列及少女系列，至彩妝系列。

七、媒體選擇

媒體選擇的原則必須符合下列各項要點
- 經濟性（Economy）
- 彈性（Flexibility）
- 針對目標消費群（Target Marker Group）
- 可以達到高頻率的（High Frequency）
- 能附廣告贈品回函（Coupon）

以上這些項目中尤以經濟性最重要，這可以從目標消費群的低 CPM（註：CPM＝CPT，即 Cost Per Thousand）／每千人成本來加判斷。

因此，媒體選擇可分爲下列幾種：

1.媒體型式

在媒體目標中合算的CPM、廣告贈品回函、具彈性的時機、高的頻率廣泛的到達範圍，均可經由選定的媒體達到。以下即是媒體型式分析表：

由上述媒體分析顯示，化妝品媒體型式最佳組合爲：電視、雜誌、報紙、ＤＭ（可夾報送出）。

2.媒體工具

媒體工具的選定，主要決定於媒體參考度。亦即配合化妝品的種類來選擇廣告媒體。

媒體型式分析表

經濟的 CPM	・報紙 ・雜誌 ・電視
廣告贈品回函	・報紙 ・雜誌 ・DM（Direct Mail 直接郵寄信函）
高的頻率	・報紙 ・DM
時機的彈性	・報紙 ・廣播電台
小量的廣告浪費	・雜誌 ・廣播電台 ・DM

電視頻道的選擇，可由台視、中視、華視三台之八點檔、七點新聞、九點三十分之時段，搭配晨間節目，應在一個月內，以密集方式炒熱化妝品知名度。

雜誌的選擇，則以主要目標群的閱讀到達率而定，黛雜誌、儂儂雜誌、仕女雜誌等均相當適合做爲化妝品刊登廣告的媒體。

報紙的定基於目標市場；每報均購買最大的發行量，主要訴求於民生報、聯合報、中國時報即可。

DM的發行可利用夾報或擺置美容沙龍、化妝品直銷系統之通路直銷商，更可選擇在商品發表會或化妝秀會場發送。

茲將顧客購買化妝品的習慣以市場調查表分析如下：

		百貨公司	雜貨店	大型折扣店	郵購	超級市場	化妝精品店	以上皆非	以上皆有	不知道
1.你目前在那裡購買化妝品？	女	31	23	16	10	8	6	4	2	1
	男	14	19	21	3	32	2	4	1	5
2.如果你購買的地點和以前不同，那麼兩年前你在那裡購買？	女	38	21	12	10	6	5	4	1	2
	男	20	10	2	18	2	43	2	0	3
3.如果你購買的地點和以前不同，那麼現在你在那裡買？	女	30	22	14	13	8	7	3	1	1
	男	18	20	7	27	3	25	0	0	0
4.你是否曾改變過購買的地點？	女	是		否		不知道				
	男	19 12		80 84		1 4				
5.當你購買化妝品時，最重要的考慮因素是什麼？	女		品質	價格	方便	服務	其他	不知道	沒有差別	以上皆有
	男		67 54	19 22	4 11	2 2	3 1	3 1	2 4	3 1

說明：問題涵蓋有女性化妝品、皮膚保養品及香水；男性化妝品為皮膚保養品、香水及刮鬍產品。

資料來源：廣告年代／蓋洛普調查

八、廣告播出計劃（廣告進度表）

廣告工作計劃及進度控制表

年 月 ADS WORK PLANNING AND SCHEDULING CONTROL

No	工作項目 ITEMS	實施階段 APPROACHES	月 月 15	月 月 1 15	月 月 1 15	月 月 1 15	年1月 15	1月 2月 1 15	3月 1 15	4月 1 15 1

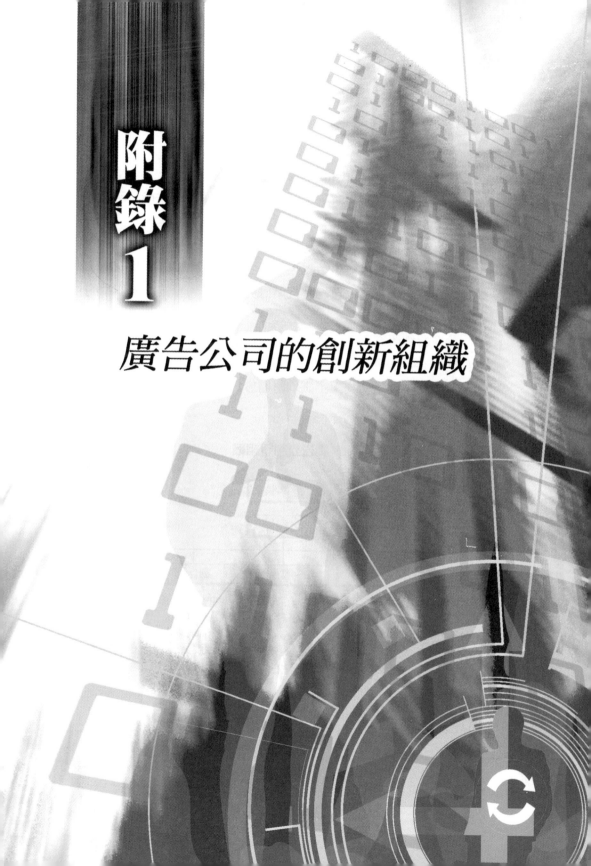

附錄 1

廣告公司的創新組織

　　廣告公司（Advertising Agent）通常都將行銷研究附屬於企劃部門或行銷部門。事實上，行銷研究的範圍實在太廣，勢2必獨立出來另成專責部門，方能有效地研究消費者心理、消費者消費習性、市場調查與策略規等整體活動。

　　近來有許多廣告公司負責人與筆者談到此問題時都有同感。國內現今的廣告代理公司均將行銷研究獨立成一專業行銷作戰的幕僚部門。

　　除了行銷研究部門以外，廣告公司最重要的核心組織即是媒體部門、客戶服務部門（又稱業務部門）、創作部門、公關部門等，其中廣告創意與文案企劃均附屬於創作部門。茲將廣告公司的創新組織詳述如下表：

廣告公創新組織

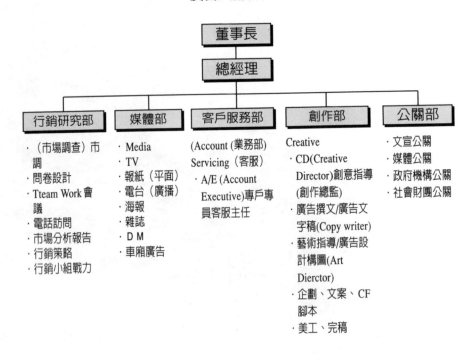

行銷研究部	媒體部	客戶服務部	創作部	公關部
·（市場調查）市調 ·問卷設計 ·Tteam Work會議 ·電話訪問 ·市場分析報告 ·行銷策略 ·行銷小組戰力	·Media ·TV ·報紙（平面） ·電台（廣播） ·海報 ·雜誌 ·DM ·車廂廣告	(Account (業務部) Servicing（客服） ·A/E (Account Executive)專戶專員客服主任	Creative ·CD(Creative Director)創意指導（創作總監） ·廣告撰文/廣告文字稿(Copy writer) ·藝術指導/廣告設計構圖(Art Dierctor) ·企劃、文案、CF腳本 ·美工、完稿	·文宣公關 ·媒體公關 ·政府機構公關 ·社會財團公關

廣告公司的經營運作實戰轉盤

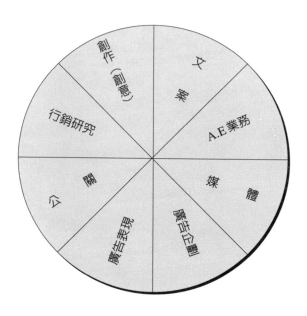

1.Creating 創作

2.Copywrite 文案

3.Marketing Research 行銷研究

4.Advertising Planning 廣告企劃

5.Account Executive A.E 業務

6.Media Strategies 媒體策略

7.Advertising Campaign 廣告表現

8.Public Relation P.R 公共關係（公關活動）

附錄
2

如何創造
具有銷售力的廣告

1.最重要的決定（The most important decision）

我們發現廣告對銷售之影響,最主要在於此一決定:你該如何為產品定位?（How should you position your product?）廣告活動之結果取決於商品如何被定位。一旦定位決定之後,廣告創作才能開始。

調查有助益。請三思而後行。

2.大承諾（Large promise）

其次的最重要決定就是:你該對顧客承諾什麼?一個承諾,不是宣言,不是主題,更不是口號。它是提供給消費者的利益點（benefit for the consumer）。

對消費者承一個獨特,具競爭力的利益點,極為有利。但是你的產就必須具有你所承諾的利益點。

3.品牌形象（Brand image）

每一張廣告和每一支廣告片,都應該對塑造整體象徵的品牌形象有所貢獻。然而幾近百分之九十五的告卻是即興之作（ad hoc）、互不關連的,以於多數的產品,年復一年都缺乏統一的形象。

廠商若致力運用廣告,建立最清晰明確的品牌個性（Brand Personality）,必能獲取市場最大的佔有率。

4.大創意（Big idea）

除非你的廣告源自一個大創意，否則它將彷彿夜晚經過的船隻無人知曉。

你需要大創意震醒那些漠不關心的消費者——讓他們注意你的廣告，記住它，而且採取行動。

大創意通常很單純（Simple），它們所需的是賦和日以繼夜的工作。一個真正的大創意，可以沿用二十年或更久。

5.頭等機票（A First-Class Ticket）

大部份的都值得賦予一個品質的形象———一張頭等機票。我們很成功地為許多產品達到目的。如果你的廣告看起來很醜齪，消費者將認定你的產品品質低劣，因此也缺乏購買的意願。

6.切勿惹人生厭（Don't be a bore）

沒有人會因為厭煩去買某一產品。但是多數的廣告卻依然那麼不親切，自說自話，冷冰冰的——而且又無趣。

讓消費者有參與感，對你的廣告是有利的。就像祇跟她一個人說話般，讓她高興，讓她生氣，讓她置其中。

7.創新（Innovate）

開創新勢——取代順應潮流。廣告若追隨一時的流行抄襲模

仿，很少會成功。作開路先鋒相當值得，但不妨先作測試。請三思而後行。

8.心理的區隔（Psychological segmentation）

任何好的代理商都知道如何以人口統計資料區隔市場——男人、兒童、或南部的農夫等。

奧美則進一步瞭解，運用市場的心理區隔為產品定位，這經常很有幫助。

9.全力以赴（Go the whole hog）

大多數的廣告活動皆趨於複雜，貪求太多，反而一事無成。將你的策略摘要成單純的承諾——然後全力以赴傳達它。

10.證言式（Testimonials）

避免以不相關的名人作廣告，證式的廣告片乎常常成功——如果你能使人信服。不相關的名人，會轉移消費者對產品之注意力。

11.問題解決——勿斯騙（Problem-Solution）

設定一個消費者可以認的問題，然後演出產品解決它的方法。這種手法對於銷售產品經常有中上的效果，但是除非你能在

廣告上誠實無欺地解決問題，否則切勿輕易使用。

12.視覺示範（Visual demonstration）

如果示範的內容是的，它們通常很有效。

將承諾點視覺化，使消費者一目瞭然。此舉極為有利。它不僅節省時間，而且徹底傳達承諾，讓人忘不了。

13.生活片斷（Slice of life）

由於這種短劇式對話看來做作，以致大部份的撰搞人（又稱文案人員）對此法缺乏興趣。但它們賣出很多產品，而且還在賣。

14.避免電視上說太多話（Avoid too many words on TV）

讓畫面說故事。你所演出的內容較之你說的話重要。

許多廣告片用滔滔不絕的詞句淹沒消費者。

我們曾經創造了許多不說任何話卻很棒的廣告片。

15.出奇致勝（Burr of singularity）

現在，一般人每年要看兩萬支的廣告片。

多數的廣告片稍縱即逝，好比雪泥鴻爪般毫無印象。

使你的廣告與眾不同，像芒刺般扎入消費者的心中。

16.事實對感性（Factual vs. emotional）

以事實作根據的廣告，較之情感訴求來得比較有效。然而我們也曾創造許多在市場上非常成功的感性廣告片。

17.抓住視線（Grabbers）

我們發現廣告片一開始就引人入勝，較之靜悄悄的片頭，能吸引更多的消費者。

18.標題（Headlines）

一般而言，讀標題的人較之讀文案內容的人高達五倍。

所以，如果你在標題裡不提及產品，你就已經浪費百分之八十的廣告費。

19.將利益點放進標題（Benefit in headlines）

傳達利益點之標題，較之缺少利益點的標題，具備更大的銷售力。

20.將新聞性放進標題（News in headlines）

標題應當以電文方式傳達你要說的內容──用簡單的語文。讀者看到語意不清的標題，絕不會停下來深思解答。

一次又一次，我們發現將真正的新聞訊息放入標題，甚為有利。消費者時常在期待新的產品，老產品新改良，或老產品新用法。

21.標題要有幾個字？（How many words in a headlines）

我們曾與一家大百貨公司合作，針對標題測試，發現十個字或更長的標題較之短標題，賣出更多的商品。

以回憶度（Recall）而言，標題在八個字到十個字間最為有效。以郵購廣告而言，六個字到十二個字的標題收到最多的回函。一般而言，長標題較短標題銷售力強。

22.選擇目標對象（Select your prospects）

當你為一個只有某一特定對象才使用的產品作廣告時，不妨在標題裡對他們揮旗示意，此舉極有幫助——如媽媽們、夜晚尿床者、赴歐旅行者。

23.是的，人們讀長文案 （Yes, people read long copy）

閱讀率在五十字內，降落幅度甚大，但五十字至五百字則減緩。

24.照片的故事訴求（Story appeal in picture）

奧美公司運用故事訴求的照片，獲得顯著的結果，讀者看照片會自問：「這是怎麼回事？」然後他細讀內文，找尋答案。這個神奇的要素就是「故事訴求」，你放得愈多，看廣告的人也愈多。

25.照片對圖畫（Photographs vs. artwork）

我們發現照片較之圖畫有效──幾乎是一定的。

照片吸引更多的讀者，產生更強的食慾訴求（Appetite appeal）,獲得更大量的回函彩券，消費者相信它，也更記得它。而且，它幾乎常常銷售更多的產品。

26.照片附說明以銷售產品（Use capticns to sell）

平均而言，讀照片下說明的人較之讀文案內容的人，多出兩倍。每一個照片說明都應涵蓋完整的品名與承諾。

27.編輯式的編排（Editorial layouts）

我們所創造的編輯式廣告，其成功的案例較之「廣告化」的廣告來得多。

編輯式廣告較之傳統的廣告獲得更高的閱讀率。

28.再三重覆勝利者（Repeat your winners）

　　許多很棒的廣告在開始發揮效果之前，即已被捨棄。

　　重覆某一廣告，可以眞正提高消費者對它的閱讀率──可達五次之多。

　　摘錄自奧美廣告「神燈系列」（Magic Lantern）

參考書目

1.ADVERTISING PRINCIPLES AND PRACTICE

Wells Burnett Moriarty

2.ADVERTISING MEDIA

Donald W. Jugenheimer

Peter B. Turk

3.MODERN MARKETING

Sdtewart W. Husted

Dale L. Varble

James R. Lowry

4.《競爭優位戰略發想》土屋久彌著

5.《實戰行銷企劃》許長田著

6.作者教學講義，演講講稿與指導國內多家企業實戰資料

行銷超限戰
〔行銷定位與市場戰略〕

許長田 博士著

✔ 成功行銷戰來自行銷資源
與行銷應變力的統合戰力

✔ 企業CEO、行銷主管、
業務高手必讀的實戰書

許長田叢書系列

企業應變力
〔企業經營實戰策略〕

許長田 博士著

- 企業又精又贏的實戰策略
- 企業成功關鍵要素KSF的
  表現策略
- 企業經營的方針管理與
  高績效管理

企業內訓與顧問指導學程

許長田　教授　親自指導授課

課程種類：

一、科技快速變化時代的經營策略

二、企業文化經營理念的再造策略

三、企業龍頭經營戰力提昇實戰策略

四、走動式管理與企業經營管理實戰

五、企業永續經營的成功策略

六、台灣企業國際化的成功策略

七、OEM / ODM / OBM / 國際行銷策略

八、國際市場開發實戰策略

九、行銷策略企劃實務

十、TOP SALES 業務訓練

十一、營業主管銷售管理實務

十二、如何成為行銷高手

＊以上每一種課程時數均為30小時
＊歡迎連絡洽商！
＊行動電話：0910043948
E-mail: hmaxwell@ms22.hinet.net
http://www.marketingstrategy.bigstep.com

弘智文化價目表

書名	定價		書名	定價
社會心理學（第三版）	700		生涯規劃：掙脫人生的三大桎梏	250
教學心理學	600		心靈塑身	200
生涯諮商理論與實	658		享受退休	150
健康心理學	500		婚姻的轉捩點	150
金錢心理學	500		協助過動兒	150
平衡演出	500		經營第二春	120
追求未來與過	550		積極人生十撇步	120
夢想的殿堂	400		賭徒的救生圈	150
心理學：適應環境的心靈	700			
兒童發展	出版中		生產與作業管理（精簡版	600
為孩子做正確的決定	300		生產與作業管(上)	500
認知心理學	出版中		生產與作業管(下)	600
醫護心理學	出版中		管理概論：全面品質管理取向	650
老化與心理健	390		組織行為管理學	出版中
身體意象	250		國際財務管理	650
人際關係	250		新金融工具	出版中
照護年老的雙親	200		新白領階級	350
諮商概論	600		如何創造影響力	350
兒童遊戲治療法	出版中		財務管理	出版中
認知治療法概論	500		財務資產評價的數量方法一百問	290
家族治療法概論	出版中		策略管理	390
伴侶治療法概論	出版中		策略管理個案集	390
教師的諮商技巧	200		服務管理	400
醫師的諮商技巧	出版中		全球化與企業實	出版中
社工實務的諮商技巧	200		國際管理	700
安寧照護的諮商技巧	200		策略性人力資源管理	出版中
			人力資源策略	390

書名	定價		書名	定價
管理品質與人力資	290		全球化	300
行動學習法	350		五種身體	250
全球的金融市場	500		認識迪士尼	320
公司治理	350		社會的麥當勞化	350
人因工程的應用	出版中		網際網路與社	320
策略性行銷（行銷策略）	400		立法者與詮釋	290
行銷管理全球觀	600		國際企業與社會	
服務業的行銷與管理	250		恐怖主義文化	
餐旅服務業與觀光行	690		文化人類學	650
餐飲服務	590		文化基因論	出版中
旅遊與觀光概	600		社會人類學	出版中
休閒與遊憩概	出版中		血拼經驗	350
不確定情況下的決策	390		消費文化與現代	350
資料分析、迴歸、與預	350		全球化與反全球	出版中
確定情況下的下決策	390		社會資本	出版中
風險管理	400			
專案管理的心法	出版中		陳宇嘉博士主編14本社會工作相關著作	出版中
顧客調查的方法與技	出版中			
品質的最新思潮	出版中		教育哲學	400
全球化物流管理	出版中		特殊兒童教學法	300
製造策略	出版中		如何拿博士學位	220
國際通用的行銷量表	出版中		如何寫評論文章	250
			實務社群	出版中
許長田著「驚爆行銷超限戰」	出版中			
許長田著「開啟企業新聖戰」	出版中		現實主義與國際關	300
許長田著「不做總統，就做廣告企劃」	出版中		人權與國際關	300
			國家與國際關	300
社會學：全球性的觀點	650			
紀登斯的社會學	出版中		統計學	400

書名	定價		書名	定價
類別與受限依變項的迴歸統計模式			政策研究方法論	
機率的樂趣	300		焦點團體	250
			個案研究	300
策略的賽局	550		醫療保健研究法	250
計量經濟學	出版中		解釋性互動論	250
經濟學的伊索寓言	出版中		事件史分析	250
			次級資料研究法	220
電路學（上）	400		企業研究法	出版中
新興的資訊科技	450		抽樣實務	出版中
電路學（下）	350		審核與後設評估之聯	出版中
電腦網路與網際網	290			
電腦網路與網際網	220		**書僮文化價目表**	
社會研究的後設分析程序	250			
量表的發展	200		台灣五十年來的五十本好書	220
改進調查問題：設計與評估	300		2002年好書推薦	250
標準化的調查訪問	220		書海拾貝	220
研究文獻之回顧與整合	250		替你讀經典：社會人文篇	250
參與觀察法	200		替你讀經典：讀書心得與寫作範例	230
調查研究方法	250			
電話調查方法	320		生命魔法書	220
郵寄問卷調查	250		賽加的魔幻世界	250
生產力之衡量	200			
民族誌學	250			

不做總統，就做廣告企劃

作　者／許長田博士著

出 版 者／弘智文化事業有限公司

登 記 證／局版台業字第 6263 號

地　　址／台北市中正區丹陽街 39 號 1 樓

電　　話／（02）23959178・0936252817

傳　　真／（02）23959913

發 行 人／邱一文

郵政劃撥／19467647　　戶名／馮玉蘭

書 店 經 銷／旭昇圖書有限公司

地　　址／台北縣中和市中山路 2 段 352 號 2 樓

電　　話／（02）22451480

傳　　真／（02）22451479

製　　版／信利印製有限公司

版　　次／2003 年 10 月初版一刷

定　　價／300 元

ISBN　957-0453-91-5（　　裝）

國家圖書　出版品預行編目資料

不做總統，就做廣告企劃：實戰廣告策略／許長田
　著；--初版. --台北市：弘智文化；2003〔民 92〕
　面：　公分

　ISBN　957-0453-91-5（　　裝）

1. 廣告　2. 市場

497　　　　　　　　　　　　　92016342